OpenSpace Beta
Silke Hermann I Niels Pfläging

Silke Hermann | Niels Pfläging

OpenSpace Beta

Das Handbuch
für organisationale Transformation
in nur 90 Tagen

Verlag Franz Vahlen München

Weitere Bücher von Silke Hermann & Niels Pfläging (Auswahl):
Niels Pfläging I Silke Hermann Zellstrukturdesign. Vahlen, 2020
Niels Pfläging I Silke Hermann: Komplexithoden. Redline, 2015
Niels Pfläging: Organisation für Komplexität. Redline, 2014
Niels Pfläging: Führen mit flexiblen Zielen. Campus, 2. Auflage 2011
Niels Pfläging: Die 12 neuen Gesetze der Führung. Campus, 2009

Titel der englischsprachigen Originalausgabe:
OpenSpace Beta: A handbook for organizational transformation in just 90 days, erschienen 2018 bei BetaCodex Publishing.
Übersetzung aus dem Englischen: Silke Hermann, Niels Pfläging

ISBN Print 978-3-8006-6054-4
ISBN E-Book 978-3-8006-6055-1

© 2020 Verlag Franz Vahlen GmbH, Wilhelmstraße 9, 80801 München
Druck: Himmer GmbH Druckerei & Verlag, Steinerne Furt 95, 86167 Augsburg
Satz, Buchgestaltung, Umschlaggestaltung: Niels Pfläging
Illustration & Timeline-Design: Ingeborg Scheer, dasign.de
Illustrationen Cover/Timeline, S. 25, S. 28: Pia Steinmann, pia-steinmann.de
Foto: Janik Happel
Manuskriptdurchsicht: Andreas Schlegel, Dennis Brunotte, Peter Proell

www.vahlen.de
Gedruckt auf säurefreiem, alterungsbeständigem Papier
(hergestellt aus chlorfrei gebleichtem Zellstoff)

Dieses Werk basiert auf **OpenSpace Beta,** einer Open-Source-Sozialtechnologie von Silke Hermann und Niels Pfläging (Red42), die unter der Lizenz CC-BY-SA-4.0 von Creative Commons veröffentlicht wurde. Die Nutzungsbedingungen der Lizenz können hier nachgelesen werden: RedForty2.com/OpenSpaceBeta. Weitere Informationen zur Lizenz siehe Seite 19 dieses Buchs.

Dieses Werk basiert auf dem **BetaCodex®**, einer Open-Source-Sozialtechnologie, die unter der Lizenz CC-BY-SA-4.0 von Creative Commons veröffentlicht wurde. Die Nutzungsbedingungen der Lizenz können hier nachgelesen werden: BetaCodex.org

Besuch die Websites der Autoren: OpenSpaceBeta.com I RedForty2.com I SilkeHermann.com I NielsPflaeging.com – sowie BetaCodex.org

OpenSpace Beta Timeline

OpenSpace-Rollen

Sponsor
Facilitator
Formell autorisierte Manager

Teilnehmende
Sessiongeber
Zeremonienmeister

60 Tage — OpenSpace Meeting 1

Vorlauf (Bühne schaffen!) — **Beginnen (Vorbereiten!)** — **Üben**

Vorbereitung des Topmanagements

Vergemeinschaften der Einladung (45 Tage)

Themenerarbeitung

Coaching-Rolle beginnt

Einladung verfassen & senden

Tag 1: Beitrittsmeeting

Tag 2: Vorbereitungstag

Protokolle OS 1

Üben von Beta-Team-Mustern

Beta-Kodex-Begrenzungen

OpenSpace Beta© und die OpenSpace Beta© Timeline von Silke Hermann & Niels Pfläging

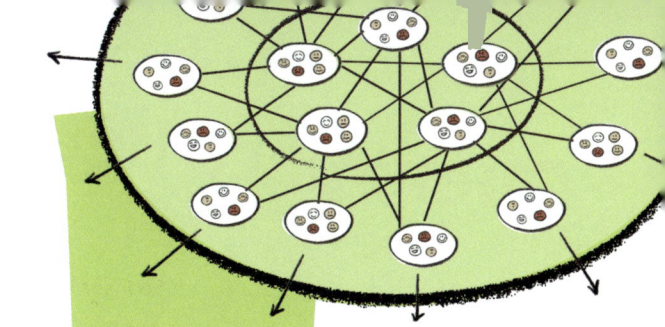

eeinflusser
utationsträger

Teams

ace Beta-Rollen

OpenSpace-Rollen

Coaches

Anspruchsgruppen

o Tage

OpenSpace Meeting 2

30 Tage

ippen – Lernen (Tun!)

Beenden (Prüfen!)

Resonanzzeit (Reifen!)

rtschöpfungs-
stärkung

Coaching-
Rolle endet

Machtträger
in Aktion

Tag 1 & 2:
Beitrittsmeeting

itlich kontrol-
ertes Flippen

Chapter-
Nachbesprechung

Absichtsvolles
Storytelling

Lern-
eschleuniger

Thema
& Einladung

Protokolle
OS 2

Wiederkehrendes
OpenSpace Beta

ustration: Ingeborg Scheer

www.OpenSpaceBeta.com

„Ohne Leidenschaft ist allen alles egal.
Ohne Verantwortung geht nichts voran."

Harrison Owen

Inhalt

Vorwort von Andreas Schlegel	14
Danksagung der Autoren an Daniel Mezick & OpenSpace Agility	16
Ursprünge von OpenSpace Beta – und was du damit anstellen kannst	19
So nutzt du dieses Buch	18
Bye-bye Zwang – hallo Engagement! Das ‚Wofür?' von OpenSpace Beta	20

Teil 1. Konzeptioneller Hintergrund zu OpenSpace Beta — 22
- Selbstorganisation und Annahmen zur Natur des Menschen — 24
- Organisationsphysik: Die 3 Strukturen der Organisation — 25
- Dezentralisierung & Teamautonomie — 28
- Lernen, Veränderung und die Neutrale Zone — 29
- Der „Spielcharakter" von Arbeit in selbstorganisierten Systemen — 33
- Terminologie — 35

Teil 2. OpenSpace-Technologie: Rollen & Kernideen — 40
- Über OpenSpace-Technologie — 42
- Eine kurze Gebrauchsanleitung zur OpenSpace-Technologie – von Harrison Owen — 43
- Autorität und Selbstorganisation in OpenSpace — 48
- Rollen in OpenSpace — 49
    - Der Sponsor — 50
    - Der Facilitator — 52
    - Die Teilnehmenden — 54
    - Die Sessiongeber — 55
- Die vier OpenSpace-Prinzipien – und das eine Gesetz — 56

Teil 3. OpenSpace Beta: Rollen & Kernideen — 58
- OpenSpace Beta: Zusammengefasst! — 60
- Kernelemente von OpenSpace Beta — 61
- Rollen in OpenSpace Beta — 65
    - Die Formell autorisierten Manager — 66
    - Die Beeinflusser & die Reputationsträger — 67
    - Die Teams — 69
    - Der Zeremonienmeister — 70
    - Die Coaches — 71
    - Die Stakeholder — 74

Inhalt (fortgesetzt)

Teil 4. 60 Tage: Vorlauf (Bühne schaffen!) — 76
    Konzepte, Kontext, Aufgaben — 78
    Die Macht der Einladung — 79
    Beitrittsentscheidung — 80
    Vorbereitung des Topmanagements — 81
    Coaching-Rolle beginnt — 82
    Spielmechaniken — 83
    Bühne schaffen (60 Tage) — 85
    Themenerarbeitung — 86
    Einladung verfassen & senden — 87
    Vergemeinschaften der Einladung (45 Tage) — 89

Teil 5. OS 1: Beginnen (Vorbereiten!) — 90
    Konzepte, Kontext, Aufgaben — 92
    Tag 1. Beitrittsmeeting — 93
    Protokolle aus OS 1 — 94
    Tag 2. Vorbereitungstag: Zeitlich kontrolliertes Flippen installieren — 96

Teil 6. 90 Tage: Üben – Flippen – Lernen (Tun!) — 98
    Konzepte, Kontext, Aufgaben — 100
    Üben – Flippen – Lernen (90 Tage) — 101
    Wertschöpfungsstärkung — 102
    Zeitlich kontrolliertes Flippen — 104
    Lernbeschleuniger — 106
    Üben von Beta-Team-Mustern — 108
    Der Beta-Kodex und seine Prinzipien — 110
    Die Gesetze des Beta-Kodex — 111
    Beta-Kodex-Begrenzungen — 112
    Disziplinierte Praxis — 114
    Unmittelbare Erfahrung — 115
    Machtträger in Aktion — 116
    Absichtsvolles Storytelling — 118

Teil 7. OS 2: Beenden (Prüfen!) — 120
    Konzepte, Kontext, Aufgaben — 122
    Thema & Einladung — 123
    Zweites OpenSpace Meeting (OS 2) — 124

Tag 1 & 2. Beitrittsmeeting	126
Protokolle aus OS 2	127

Teil 8. 30 Tage: Resonanzzeit (Reifen!)   128

Konzepte, Kontext, Aufgaben	130
Resonanzzeit (30 Tage)	131
Energie, fokussierte Aktion und erhöhtes Momentum	132
Coaching-Rolle endet	134
Höhere Leistungsfähigkeit	136
Kapitel-Nachbesprechung	137
Wiederkehrendes OpenSpace Beta	138

& mehr. Zusätzliche Ressourcen   140

Nachwort von Daniel Mezick	142
Leseempfehlungen	144
Frei verfügbare Online-Ressourcen und Videos	146
Andere Bücher der Autoren	147
Über die Autoren	148
Bestell dein Gratis-Poster „OpenSpace Beta Konzeptüberblick"	**150**
Danksagungen	152

Vorwort
von Andreas Schlegel

„So kann es nicht weitergehen! Und so wird es auch nicht weitergehen!" Diese Überzeugung hatte sich bei mir – als Vorstand eines mittelständischen Unternehmens mit rund 140 Kolleginnen und Kollegen – mit der Zeit immer mehr festgesetzt. Angetrieben von der herausfordernden Marktsituation unseres Unternehmens und von der Frage, wie wir eine zukunftsfähige Organisation entwickeln könnten, hatte ich seit einigen Jahren nach Ansätzen und Konzepten Ausschau gehalten. Wir brauchten neue Ideen für die (Organisations-)Entwicklung unseres Unternehmens. Wir brauchten neue Ansätze! Aber alle Ansätze, die ich fand, waren weder überzeugend, noch inspirierend.

Dann, im Sommer 2018, entdeckte ich ein kleines, quadratisches Buch. Darin stieß ich auf Ideen, die mir revolutionär erschienen. Nur selten hatte ich beim Lesen eines Buchs eine so rasante Abfolge von Aha-Momenten erlebt! Vor dem Hintergrund dieser Lektüre begann ich, die Erfahrungen meiner beruflichen Praxis neu zu begreifen. Ich erkannte, warum vieles von dem, was ich bislang bei FSM getan oder initiiert hatte, wenig oder überhaupt keine dauerhafte Wirkung im Sinne echter Verbesserung entfaltet hatte; weshalb sich Innovationsfähigkeit und Leistung unseres Unternehmens nicht erhöhten, sondern verschlechterten, obwohl wir immer neue und stets hochqualifizierte Kollegen hinzugewinnen konnten! Jenes Büchlein war Niels´ *Organisation für Komplexität*. Es eröffnete mir die Welt des „Beta-Denkens".

Das führte mich jedoch zu einer neuen Frage: Wie könnte unser Unternehmen den Wandel „hin zur Beta-Organisation" schaffen? Die Antwort auf diese Frage fand ich Ende 2018 in der englischen Ausgabe des Handbuchs von Silke und Niels, das Sie hier in Händen halten. **Heute, nachdem ich als Sponsor ein OpenSpace Beta-Kapitel in unserem Unternehmen erlebt, begleitet und „durchlernt" habe, kann ich aus eigener Erfahrung sagen: OpenSpace Beta wirkt!** Silke und Niels haben mit OpenSpace Beta eine Architektur für die Transformation ganzer Unternehmen geschaffen, die in der Veränderungsarbeit konsequent auf die Prinzipien des Beta-Kodex setzt. Diese Architektur erlaubt freiwillige, ernsthafte und verbindliche Bewusstseins- und Veränderungsarbeit, die von allen Kolleginnen und Kollegen gemeinsam getragen werden kann.

Es gehört zu den nicht-delegierbaren Aufgaben eines Vorstands, gelegentlich Entscheidungen zu treffen, deren Konsequenzen von allen mitgetragen werden müssen. Unsere Entscheidung für Beta und für OpenSpace Beta Anfang 2019 war dennoch ungewöhnlich für uns. Denn nachdem mein Vorstands-

> **Andreas Schlegel** ist Unternehmer, ungeduldiger Visionär, technikaffiner Menschenfreund und heimatverbundener Kosmopolit. Er diskutiert gerne bei gutem Essen und Wein, liebt klare Worte und Argumente.
>
> Seit 2012 ist er Vorstand der FSM AG mit Sitz in Kirchzarten bei Freiburg. Die FSM AG entwickelt und produziert seit 1989 intelligente Elektronik. Sie ist in den Disziplinen mobile Energieversorgung, Druckmesstechnik und Trafo-sanfteinschalter tätig.
>
> Web: www.fsm.ag; E-Mail: beta@fsm.ag
> Twitter: @Andr3asSchlegel

kollege und ich entschieden hatten, unser Unternehmen gemeinsam mit allen in eine Beta-Organisation zu transformieren, lag es an jeder Kollegin und jedem Kollegen selbst, sich so in diese Transformation einzubringen, wie sie oder er es konnte und wollte. **Die Ergebnisse haben uns alle überrascht.** Und genau dafür bietet OpenSpace Beta den optimalen Rahmen: Es bietet Halt, Verlässlichkeit und Sicherheit in Zeiten des Umbruchs. So kann sich Selbstorganisation entfalten.

Die Beta-Transformation bei FSM, bei der Silke uns als Zeremonienmeisterin hervorragend unterstützte, hat mir einen reichen Schatz an neuen Einsichten beschert. In gewisser Weise durfte ich meine eigene Organisation neu und nochmals anders kennenlernen. **OpenSpace Beta überrascht: Es legt offen, wie viel Potenzial im Unternehmen schlummert. Es setzt dieses Potenzial frei – schneller und wirksamer, als ich vorab für möglich gehalten hätte.** Um Worte von Silke und Niels aus diesem Handbuch aufzugreifen: Jeder, der es sehen will, wird in den 90 Tagen erkennen, was in und zu dieser Zeit möglich ist!

Diese deutsche Ausgabe dieses Handbuchs ist mehr als nur eine Übersetzung des englischen Originals. Entscheidende Details wurden geschärft und neue Aspekte hinzugefügt. Beim erstmaligen Lesen dieser Fassung sind mir einige Elemente dieser Transformationsarchitektur noch klarer ins Bewusstsein getreten – teilweise durchaus schmerzhaft!

Die Konsequenz, mit der wir uns zu dieser Transformation entschieden haben, hat sich im Rückblick als richtig, als angemessen und als nötig erwiesen. Ernsthafte Veränderung braucht eben einen ernsthaften Ansatz der Veränderungsarbeit! All jenen, die tatsächlich an der Transformation ihrer Organisationen hin zu mehr Selbstorganisation oder „mehr Beta" arbeiten wollen, möchte ich die intensive Auseinandersetzung mit diesem Handbuch ans Herz legen.

Andreas Schlegel, im September 2019

Danksagung der Autoren an Daniel Mezick und OpenSpace Agility

Seit unserem ersten Zusammentreffen mit Daniel Mezick im Mai 2018 ist gerade erst gut ein Jahr vergangen. Es passiert nicht häufig, dass wir in unserer Rolle als Organisations- und Innovationsforscher auf ein Konzept stoßen, das so facettenreich, so ausgereift und gleichzeitig so gut erklärt ist wie Daniel Mezicks „OpenSpace Agility". Bei jener Begegnung im Mai 2018 in Portland/Maine saßen wir mit Daniel zusammen, um mit ihm über Veränderungsansätze zu sprechen. Über „Einladung versus Anordnung" in der Veränderungsarbeit. Und über „Transformation". Wir erkannten schnell das Potenzial seines Ansatzes für diejenige Art von Veränderungsarbeit, die uns am Herzen liegt, und die wir in diesem Handbuch als „Beta-Transformation" bezeichnen werden.

OpenSpace Agility lieferte uns eine Reihe von Puzzleteilen zur zügigen Realisierung von Beta-Transformation, nach denen wir ein Jahrzehnt lang gesucht hatten. Man könnte sagen: Der Ansatz beflügelte unsere Kreativität in Sachen Transformationsmethodik neu! Zwei Tage nach dem Gespräch mit Daniel skizzierten wir im Bryant Park in Manhattan die Grundzüge der OpenSpace Beta Timeline und die Grobstruktur dieses Handbuchs. Dank der Vorarbeit der Entwickler von OpenSpace Agility konnten wir dieses Handbuch innerhalb weniger Wochen realisieren: Von der Idee bis zur Veröffentlichung der englischen Fassung dieses Buchs im Herbst 2018 vergingen gerade einmal fünf Monate.

Mit Daniels Einverständnis haben wir viele Grundlagen aus dem Handbuch zu OpenSpace Agility entleihen können. Die eigentliche Herausforderung bestand nun darin, dass der Ansatz von Daniel auf die Aneignung von Scrum in großen Softwareentwicklungs-Bereichen abzielt – nicht auf die Transformation ganzer Organisationen. Es bedurfte einer Neuinterpretation sowohl des Ganzen als auch seiner Teile. **OpenSpace Beta sollte für die Transformation ganzer Organisationen genutzt werden können – gleich welcher Größe, Branche, Herkunft und Alters.** Um diesem Anspruch gerecht zu werden, modifizierten wir viele Details. Wir entwickelten das Rollenkonzept weiter und ersetzten rund 30% der Konzepte aus OpenSpace Agility durch Konzepte aus unserer eigenen Arbeit der letzten 15 Jahre. Im Verlauf des „Remixens und Tweakens" sind wir ausgesprochen stark von Daniels ursprünglichen Ansatz abgewichen – auch wenn OpenSpace Beta und OpenSpace Agility sich in der grundsätzlichen Struktur ähneln. Ein Vergleich der beiden Handbücher lohnt.

Wir sind Daniel dankbar dafür, dass er uns mit seiner unbedingten Leidenschaft für das „Prinzip Open Source" angesteckt hat. Zwar war das BetaCodex Network bereits seit seiner Gründung im Jahr 2008 als „Open Source-Community" angelegt. Wir wenden das Open Source-Prinzip jetzt aber auch konsequent auf die Sozialtechnologien an, die wir mit unserem gemeinsamen Unternehmen Red42 entwickeln. Wir sind fest davon überzeugt, dass wir Innovation frei nutzbar machen müssen, um die in den Domänen von Organisationsentwicklung und Unternehmensführung dringend notwendige Innovation anzufachen! **Wir sind uns sicher, dass es eine Hinwendung zu „radikalem Austausch" braucht, um eine neue Ära der Zusammenarbeit einzuleiten.** Der von Daniel demonstrierte Geist der „All-in-Collaboration" ist dringend nötig, wenn wir Gegenwart und Zukunft der Arbeit gemeinsam gestalten wollen.

Was Open Source so wirksam macht: Zwar ist der OpenSpace Beta-Ansatz insgesamt völlig neu. Dennoch ist er bereits erprobt. Uns selbst hat die Konsistenz der Konzept-Architektur verblüfft, während wir den Ansatz entwickelt haben. Alle in OpenSpace Beta enthaltenen Konzepte sind jedoch vielfach praktisch bewährt und forschungsbasiert: von OpenSpace über Beta bis hin zu Change-als-Flippen. Alles, was wir in diesem Buch vorschlagen und erläutern, wurde während unserer 15-jährigen Tätigkeit in Beta-Transformation von uns selbst, von Kollegen aus der Beyond Budgeting- und BetaCodex Community, von Daniel und anderen Entwicklern und Praktikern erprobt und angewandt.

Unser besonderer Dank gilt den fünf Autoren des *OpenSpace Agility Handbook*, der reichhaltigen und innovativen Ressource, die zur Grundlage des Buches wurde, das du in deinen Händen hältst. Das *OpenSpace Agility Handbook* erwies sich als ein wunderbarer Fundus und stand für mehrere Abschnitte dieses Buches Pate. Andere Teile des Handbuchs haben wir deutlich weiterentwickelt, um sie für vollumfassende, auf Beta ausgerichtete organisationale Transformation nutzbar zu machen. Unser Dank dafür, dass wir das *OpenSpace Agility Handbook* für unser Handbuch als Grundlage verwenden durften, geht neben Daniel an **Mark Sheffield, Deborah Pontes, Harold Shinsato und Louise Kold-Taylor.** Weitere Informationen zur Arbeit dieser geschätzten Kolleginnen und Kollegen findest du unter *OpenSpaceAgility.com*.

Silke Hermann und Niels Pfläging, im September 2019

P.S.: Ganz am Ende dieses Buchs erfährst du, wie du dein persönliches A1-Gratisposter mit dem OpenSpace Beta-Konzeptüberblick bestellen kannst!

Ursprünge von OpenSpace Beta – und was du damit anstellen kannst

OpenSpace Beta® stammt von Prime/OS™ ab – einer Open Source Sozialtechnologie, die von Daniel Mezick entwickelt und unter der CC-BY-SA-4.0 Lizenz veröffentlicht wurde. Mehr über Prime/OS™ erfährst du hier: *www.Prime-OS.com* und *www.OpenSpaceAgility.com/about*

OpenSpace Beta und Prime/OS sind frei verfügbare, Open-Source-Sozialtechnologien: Es steht dir frei, neue Konzepte aus OpenSpace Beta abzuleiten, daraus innovative, neue Werke selbst zu kreieren und deine Innovationen mit anderen zu teilen und sogar zu kommerzialisieren!

OpenSpace Beta, OpenSpace Beta-Timeline/Konzeptüberblick, Veranstaltungen, Regeln, Rollen, Meetings, Beratungstechniken und dazugehörige Dokumente zu OpenSpace Beta sind unter der Creative Commons Attribution Share-Alike-Lizenz veröffentlicht. Diese Lizenz ist eine Open Source-Lizenz. Unter dieser Lizenz wirst du eingeladen und ermutigt, innovativ zu sein, indem du auf Grundlage von OpenSpace Beta weitere Anwendungen frei entwickelst.

Ein paar Worte zur Lizenz *Attribution ShareAlike – kurz „CC-BY-SA"*. Mit dieser Lizenz kannst du OpenSpace Beta nutzen, remixen, optimieren und weiterentwickeln, auch zu kommerziellen Zwecken. Tust du dies, so erklärst du dich damit einverstanden:

- die Originalautoren Silke Hermann und Niels Pfläging in allen Materialien zu nennen, die du auf Grundlage von OpenSpace Beta erstellst, und
- stets den Link zum von uns entwickelten Quellmaterial anzugeben (wie unten aufgeführt), und
- deine abgeleiteten Konzepte und Weiterentwicklungen zu den Bedingungen der Originallizenz an Dritte weiter zu lizenzieren.

Insbesondere muss der folgenden Satz mit Weblink in allen abgeleiteten Werken aufgeführt und deutlich sichtbar integriert werden – sowie in allen von dir entwickelten Visualisierungen enthalten sein: „*Diese Arbeit stammt von OpenSpace Beta ab, einer Open Source-Sozialtechnologie, die unter der CC-BY-SA-4.0-Lizenz veröffentlicht und die hier zu finden ist: www.OpenSpaceBeta.com.*"

{ OpenSpace Beta und das zugrunde liegende Prime/OS sind Open-Source-Sozialtechnologien. Nutze sie! Remixe und optimiere sie! Entwickle daran weiter! Und dann teile wieder! }

So nutzt du dieses Buch

Willkommen im OpenSpace Beta-Handbuch! Dieses Buch ist als praktische Kurzanleitung und als „Pocket Guide" für all diejenigen gedacht, die dabei sind, ein Beta-Organisationsmodell zu realisieren und OpenSpace Beta nutzen möchten, um ihre Beta-Transformationen zu beginnen bzw. voranzubringen. Dieses Buch ist für all jene der perfekte Begleiter, die daran interessiert sind, schnelle und dauerhafte Beta-Transformationen hervorzubringen. Dazu gehören Unternehmerinnen und Unternehmer, Geschäftsführungen und Vorstände, Führungskräfte, Managerinnen, Teamleiter. Außerdem Berater, Coaches und Dienstleister, die diese begleiten und unterstützen.

Ein Teil des Buchs besteht aus **Seiten mit weißem Hintergrund.** Hier erläutern wir Inhalte zu notwendigen Rollen und Aktivitäten in OpenSpace Beta. Auf **Seiten mit hellgrünem Hintergrund** findest du abstrakte, einführende und konzeptionelle Inhalte. Das Buch liefert auch folgende zusätzliche Ressourcen:

- **Grundkenntnisse darüber, wie Beta bzw. der Beta-Kodex deine Organisation unterstützen kann.** In Teil 1 dieses Buchs lernst du konzeptionellen Hintergrund zu OpenSpace Beta kennen: Dieser ist besonders lesenswert, wenn du mit Beta bislang nicht vertraut bist. Teil 6 dieses Buches mit dem Titel *Üben – Flippen – Lernen (Tun!)* enthält die Beta-Kodex-Prinzipien. Die Website *BetaCodex.org* bietet zusätzliche Ressourcen zum Beta-Kodex.

- **Grundkenntnisse über die Großgruppenmethode OpenSpace (OS).** OpenSpace Agility und Prime/OS, auf denen OpenSpace Beta basiert, wurden von der Arbeit Harrison Owens inspiriert. Insbesondere durch sein Buch *Spirit: Transformation and Development in Organizations*. Es ist ein lesenswertes Werk voller scharfsinniger Einsichten und nützlicher Ideen. Das *Spirit*-Buch dürfte für jede und jeden von Wert sein, der sich ernsthaft mit Organisationen als Systemen, mit Organisationsdynamik und -entwicklung beschäftigt. Das Buch steht zum kostenlosen PDF-Download unter *openspaceworld.com/spirit.pdf* zur Verfügung. Teil 2 dieses Buchs enthält zudem eine kurze OpenSpace-Nutzungsanleitung von Harrison Owen.

- **Eine Bibliographie äußerst nützlicher Bücher findet sich am Ende dieses Buches. Der Abschnitt zur „Terminologie" in Teil 1 hilft dir beim notwendigen Schlüsselwortschatz.** Wir empfehlen dir, das Portal *BetaCodex.org* zu besuchen, um weitere Informationen zu Beta-Lernressourcen und zum neuesten Stand des BetaCodex-Netzwerks zu erhalten.

Bye-bye Zwang – hallo Engagement! Das ‚Wofür?' von OpenSpace Beta

Engagement ist für schnelle und dauerhafte Transformation zu höherer Selbstorganisation unerlässlich. Anordnung verringert Engagement, Einladung und Teilnahme durch Beitrittsentscheidung erhöhen es. Aus diesem Grund basiert OpenSpace Beta auf dem Prinzip der Einladung, statt auf Anordnung oder zwangsverordneter „Implementierung" bestimmter Tools und Praktiken. Denn werden Praktiken vorgegeben, dann wird nicht berücksichtigt, was Menschen wollen, was sie denken und welche Bedürfnisse sie haben. Vorschriften und Vorgabe reduzieren Engagement insofern, als dass sich intelligente, selbst-motivierte und kreative Menschen, die sich durch ihre Arbeit verwirklichen wollen, unter Zwang abmelden und abwenden werden.

Vergessen wir nicht: Menschen, die in heutigen Organisationen arbeiten, sind gut ausgebildet. Sie wurden aus guten Gründen eingestellt – meist deshalb, weil sie intelligent, qualifiziert und fähig sind. Solche Menschen widersetzen sich, wenn sie zu spezifischen Veränderungen oder in Verhaltensweisen hinein gezwungen werden. **Sie widersetzen sich nicht der Veränderungsabsicht selbst, sondern den Methoden, die mit Zwang einhergehen.** Die Krux: Sie werden ihre Ansichten dabei meist nicht offen ansprechen. Stattdessen werden sie Anweisungen ignorieren („interne Sabotage") oder sich ganz entziehen. Korrigierende Maßnahmen wie „Verbesserung der Kommunikation" und „Erreichen eines höheren Buy-ins" lösen das Problem nicht. Vielmehr ist es nötig, die relevanten Akteure von vornherein dazu einzuladen, die Entwicklung der Organisation als gemeinschaftlich-iterative Anstrengung zu gestalten. Und dabei die Perspektiven aller Beteiligten zu würdigen.

Wie also lässt sich eine komplette Organisation von vielleicht 100, vielleicht 100.000 Mitarbeitenden dafür gewinnen, die eigene Organisation gemeinsam zu gestalten? Sicher nicht per Zwang und Weisung! Dies kann nur durch einen Ansatz gelingen, der selbst auf konsequenter Selbstorganisation basiert. In OpenSpace Beta werden Mitarbeitende ununterbrochen eingebunden – innerhalb einer Struktur von Iterationen und absichtsvollen Eingriffen auf allen Ebenen des Systems. Die Mitarbeitenden selbst *sind* die Veränderungsarbeit! Erreicht wird dies durch Anwendung zweier Sozialtechnologien: den Prinzipien von OpenSpace – zum Beginn und am Ende von 90 Tagen iterativer Arbeit am System – sowie den zwölf Prinzipien des Beta-Kodex.

Hier kommt die Rolle des Sponsors für OpenSpace Beta ins Spiel. Wir werden später näher auf diese Rolle eingehen. So viel sei hier aber schon vorweggenommen: **Die Sponsorin/der Sponsor ist eine Person, die über umfassende formelle Autorität verfügt, sowie über Willen und Können dazu, den Raum für kohärente Selbstorganisation zu öffnen und geöffnet zu halten.** Sie oder er:

- **erklärt die Ausgangssituation für die Transformation** bzw. für die gemeinsame Bewegung in Richtung Beta und erläutert die Herausforderungen, denen sich das Unternehmen in Bezug auf Wettbewerb, Preisdruck, organisationale Wirksamkeit usw. gegenübersieht.
- **verdeutlicht, dass sich die Organisation die Prinzipien des Beta-Kodex zu eigen machen wird,** um den genannten Herausforderungen zu begegnen. Sie/er erläutert auch, dass keine spezifischen Praktiken festgelegt wurden.
- **lädt alle Beteiligten in den Prozess des Schreibens der eigenen Transformationsgeschichte ein;** kommuniziert eindeutig, dass die Führungskräfte nicht alle Antworten kennen, und daher mit allen anderen nach den besten Ideen suchen werden, um die Beta-Transformation erfolgreich und mit dauerhafter Wirkung zu gestalten.
- **macht deutlich, dass die Organisation sich einer großen Bandbreite an Beta-Praktiken bedienen wird.** Um zu entscheiden, ob eine bestimmte Praxis langfristig eingesetzt werden sollte, wird es Gelegenheit geben, die Ergebnisse eines jeden Eingriffs in das System (die wir „Flips" nennen werden) zu überprüfen. Wenn eine Veränderung am System den Anforderungen des Teams oder der Organisation nicht entsprechen sollte, kann sie geändert oder verworfen werden. Teams steht sogar frei, eigene Praktiken zu entwickeln. Einzige Einschränkung: Alle gewählten Praktiken müssen mit dem Beta-Kodex in Einklang sein.

Niemand erreicht Selbstorganisation durch Methoden, die auf Zwang beruhen. Soll erfolgreiche, leistungsstarke Organisation entstehen, dann führt kein Weg an Beta und den Prinzipien disziplinierter Selbstorganisation vorbei. Um zu Beta zu gelangen, braucht es wiederum einen Transformationsansatz, der selbst mit den Prinzipien des Beta-Kodex (Seite 111) vereinbar ist. Ein solcher Ansatz muss konsequent selbstorganisiert und hochgradig verbindlich sein.

{ OpenSpace Beta ist eine Einladung. Es basiert auf sukzessiven Einladungen, und damit auf den Prinzipien von persönlicher Verantwortung, Selbstbestimmtheit und Selbstorganisation. }

Teil 1

Konzeptioneller Hintergrund zu OpenSpace Beta

(Es gibt nichts Praktischeres!)

Selbstorganisation & die Natur des Menschen

In seinem 1960 erschienenen Buch *The Human Side of Enterprise* präsentierte Douglas McGregor eine Schlüsselbotschaft, nämlich dass wir zwei Bilder von der Natur des Menschen in unseren Köpfen und in unseren Herzen tragen – Theorie X und Theorie Y. Und dass eines dieser Bilder, Theorie X, reine Fiktion ist! McGregor betonte, auf jeder Seite seines Buchs: Theory X-Menschen (die extrinsisch motiviert werden müssen) haben nie existiert und werden auch nie existieren: Sie sind nur eine Schöpfung unserer Vorstellungskraft. Die Theorie X ist demnach, obwohl sie ein durchaus vertrautes Bild von der Natur des Menschen ist, nicht mehr als ein hässliches Vorurteil über andere Menschen bei der Arbeit.

Selbst 60 Jahre nach McGregors bahnbrechendem Buch glauben die meisten von uns, dass „Theorie Xer" um sie herum existieren. Das allein wäre nicht schlimm. Zwangsläufig aber handeln wir auch entsprechend – und machen die Welt damit schlechter, als sie sein könnte. Wir halten hartnäckig an einem Mythos fest, den McGregor 1960 zu zerstören versuchte. In Organisationen wenden wir zahllose Methoden an, die auf Xer perfekt zugeschnitten sind. **Wir stecken fest in einer Welt der Theorie X-Selbsttäuschung.** Die meisten von uns sind mit dafür verantwortlich, das Vorurteil der Theorie X zu verewigen.

McGregors gute Nachricht: 100% der Menschen sind Theorie Y-Menschen. Die Welt ist voll von ihnen, und wir alle sehnen uns danach, als die selbst-motivierten Menschen anerkannt zu werden, die wir sind. Wir darben danach, uns zu engagieren, wenn man uns lässt. Exakt dieses Engagement ist der Motor für schnelle und nachhaltige Beta-Transformation. Zwang dagegen verringert Potenzial für echtes Engagement: Es hat das Zeug dazu, jede Beta-Transformation zu ruinieren. Zwang „ist für Xer", Freiwilligkeit ist für Yer! Ohne Freiwilligkeit und Beitrittsentscheidung ist das „Spiel der Transformation" wenig attraktiv. Darum bedarf es Einladung: Sie erhöht Engagement, indem sie Akteuren Optionen anbietet, ein Gefühl von Selbstkontrolle und Zugehörigkeit vermittelt. Die Möglichkeit, eine Einladung annehmen oder ausschlagen zu können erhöht das Gefühl der Selbstwirksamkeit, Annahme einer Einladung erzeugt ein Gefühl von Teilhabe. „Yer" lieben das: Es sind die einzigen Menschen, die es gibt.

> Einladung, verbunden mit Beitrittsentscheidung, ist auch für „unbequeme Geister" einer Organisation attraktiv. Gerade sie sind es, die helfen, nötigen Schwung hin zu Beta zu erzeugen.

Organisationsphysik:
Die 3 Strukturen der Organisation

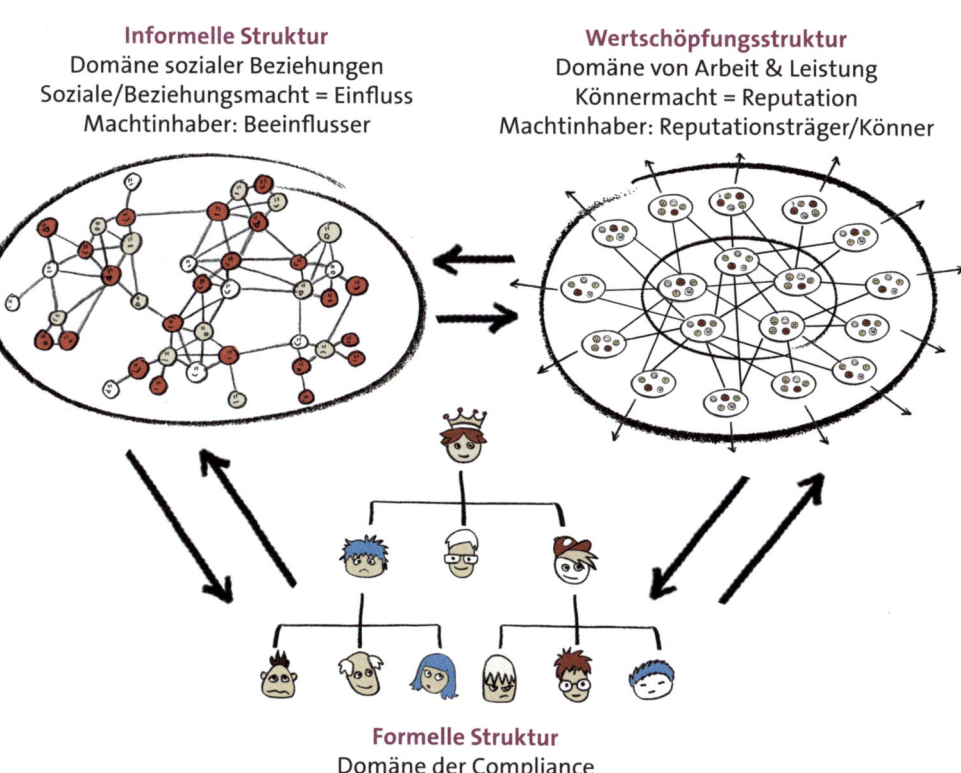

Jede Organisation hat drei Strukturen. Ob diese Strukturen in einer spezifischen Organisation vorhanden sind oder nicht, bedarf keiner Entscheidung: Keine dieser Strukturen ist optional oder „nice to have". Sie sind Teil der sogenannten Organisationsphysik – universeller Zusammenhänge, die für jede Organisation gelten, egal ob groß oder klein, alt oder neu, gewinnorientiert oder gemeinnützig. Überall auf der Welt.

Organisationsphysik: Die 3 Strukturen der Organisation (fortgesetzt)

Die drei Organisationsstrukturen sind Träger von drei Arten der Macht und von drei Arten der Führung – die wiederum in jeder Organisation existieren.

- **Formelle Struktur ist die Domäne von Compliance. Die in dieser Struktur verankerte Macht wird als Hierarchie bezeichnet.** Dies ist die Struktur, die in den meisten Organisationen als „unsere Struktur" bezeichnet wird. Leider. Fälschlicherweise wird oft davon ausgegangen, dass Arbeit oder Wertschöpfung durch Formelle Struktur organisiert oder verbessert werden kann. Dabei ist diese Struktur einzig und allein für die Erzeugung von Compliance, im Sinne gesicherter Einhaltung von Gesetzen und Vorschriften von Nutzen. Für Gesetzmäßigkeit ist Formelle Struktur wesentlich. **Führung in dieser Struktur nennen wir „Compliance-Führung".**

- **Informelle Struktur ist die Domäne des Sozialen innerhalb der Organisation. Die in dieser Struktur enthaltene Macht wird im Allgemeinen als Einfluss bezeichnet.** Es ist die Macht derer, die starke soziale Beziehungen innerhalb der Organisation unterhalten. Informelle Struktur ist weder gut noch schlecht. Sie ist. Verschiedenste organisationssoziale Phänomene erwachsen aus ihr. **Führung in dieser Struktur nennen wir „Soziale Führung".**

- **Wertschöpfungsstruktur ist die Domäne von Arbeit, Leistung, Wettbewerbsfähigkeit und Innovation. Die in dieser Struktur enthaltene Macht bezeichnen wir als Reputation.** Es ist die Macht der Könner oder Meister – also derjenigen, die „Schüler" haben. Organisationale Leistung kann nur in dieser Struktur entstehen – und hier wiederum nur durch Außen-innen/Innen-außen-Beziehungen und Teamkonstellationen innerhalb von Peripherie und Zentrum. Hier entsteht „Flow". Hier können Wertschöpfung gestärkt und Verschwendung bekämpft werden. **Wir nennen Führung in dieser Struktur „Wertschöpfungsführung".**

Die drei Strukturen der Organisation sind miteinander verflochten. Jedes Mitglied einer Organisation ist in allen Strukturen präsent. In Formeller Struktur hat jede Person normalerweise eine Position. In Informeller Struktur betreibt diese Person ein persönliches Netz sozialer Beziehungen. In Wertschöpfungsstruktur hat dieselbe Person mehrere Rollen innerhalb einer oder mehrerer Team- oder Zellkonstellationen.

Die Wirksamkeit von Interventionen am System einer Organisation kann erhöht werden, indem im Vorhinein bedacht wird, inwiefern diese Interventionen auf welche der Strukturen einwirken, und welche Reaktionen innerhalb der drei Strukturen erwartbar sind.

Es ist hilfreich, für jede Intervention am System (die wir in diesem Buch als „Flips" bezeichnen werden) zu fragen, welche Akteure mit ausgeprägter Macht in einer oder mehreren Strukturen benötigt werden, um die Wahrscheinlichkeit eines bestimmten, gewünschten Ergebnisses zu maximieren.

Für weitere Informationen und Details zu diesen Themen empfehlen wir die in der Sektion „Beta & Beta-Kodex" genannten Literaturempfehlungen auf den Seiten 144-145.

{ Interventionen am System – sogenannte „Flips" – können sich auf eine oder auf mehrere der drei Strukturen auswirken. Oder auf gar keine – dann nennen wir sie Flops. }

Dezentralisierung & Teamautonomie

In Komplexität müssen Organisationen föderativ oder dezentral sein. Wenn außerhalb der Organisation der Markt regiert, ist es notwendigerweise die Peripherie, die das Geld verdient, die vom Markt lernt und sich schnell und intelligent an externen Marktzug anzupassen weiß. Das Zentrum indes – durch die Peripherie vom Markt isoliert – verliert in Komplexität seinen Wissensvorsprung. Unter diesen Bedingungen kann das Zentrum selten nützliche Anweisungen geben – zentrale Steuerung kollabiert. Die Kopplung zwischen Peripherie und Zentrum muss dementsprechend so gestaltet werden, dass auf Marktdynamik zügig und angepasst reagiert werden kann. **Dazu muss die Peripherie das Zentrum durch internen Zug bzw. durch Nachfrage-Angebots-Beziehungen steuern.**

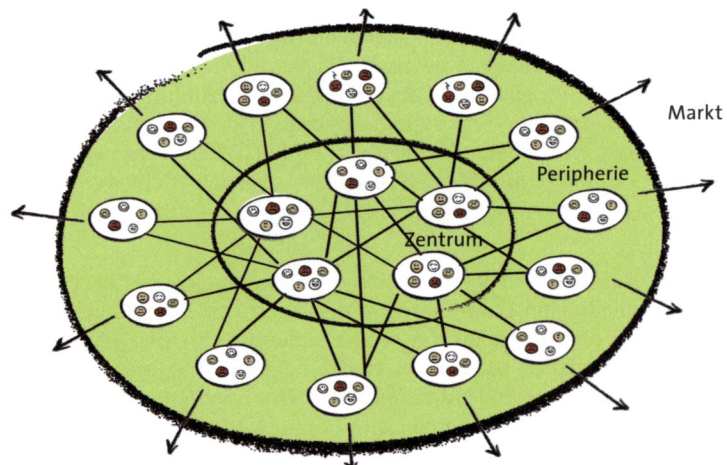

Die Peripherie muss hinsichtlich der Ressourcen der Organisation souverän sein. Im „dezentralisierten Modus" verschwindet die Notwendigkeit dazu vollständig, so etwas wie „Mittleres Management" zu haben. Hier werden Führung, Koordination, Selbstorganisation von außen nach innen möglich.

> Dem Prinzip der Dezentralisierung folgend geht die Übertragung von Autonomie & Entscheidungsbefugnis zur Peripherie immer und immer weiter. Dezentralisierung endet nie.

Lernen, Veränderung und die Neutrale Zone

Tiefgreifender Wandel bedeutet für Menschen, dass sie einen Übergangszustand durchleben müssen. William Bridges nennt solche Übergangszustände die „Neutrale Zone". Die Neutrale Zone ist eigentlich weder gut, noch schlecht. Sie kann aber nicht vermieden oder übersprungen werden.

Auch wenn tiefgreifende Veränderung mit viel Elan und Energie angegangen wird, so ist und bleibt die Neutrale Zone, also die Phase des Übergangs, doch eine Art Niemandsland. Es fehlt an Definition; man ist nicht mehr dort, wo man mal war, und noch nicht dort, wo man mal ankommen will! Die Neutrale Zone kann Menschen daher vorübergehend irritieren oder verunsichern.

Da es sich bei Beta-Transformation um die Umstellung weg von erlernter Hilflosigkeit und hin zu unternehmerischer Selbstorganisation handelt, entsteht ein Zeitraum von überschaubarer Dauer, der allen Organisationsmitgliedern intensive Neutralzonen-Erfahrungen beschert. Das kann Stress in der Organisation erzeugen. Aber es ermöglicht den Akteuren auch, aufzublühen, Potenzialentfaltung bei sich und anderen zu erleben, sowie Identifikation mit Organisation und Arbeit neu zu entdecken oder wiederzufinden. Dieses Lernen in Veränderung kann als stimulierend und als anstrengend zugleich erlebt werden.

Die Neutrale Zone ist ein besonderer Zustand: Es kommt keine Langeweile auf. In Beta-Transformation haben alle Akteure Gelegenheit, neue Denk- und Handlungsweisen anzunehmen. Mehr oder minder gleichzeitig. Diese verflochtenen, individuellen Erfahrungen in der Neutralen Zone können auch zu Verunsicherung führen. Als Lösung hierzu bedient sich OpenSpace Beta bewährten, gesellschaftlich-sozialen Mustern, sogenannten „Ritualen des Übergangs". Diese erlauben, den Handlungen und Emotionen der Neutralen Zone eine konstruktive Struktur zu verleihen.

Die Aneignung von Beta-Prinzipien ist stets mit Lernen verbunden. Lernen ist für Menschen natürlich kein Problem. Wenn aber viele Akteure in der gleichen Organisation zur etwa gleichen Zeit relativ viel Neues lernen müssen, dann entstehen kuriose Muster. Ja sogar Rippeleffekte. Irritationen. Das Lernen bzw. neue Einsicht und Erkenntnis, will ja erst noch integriert werden.

Mentale Modelle

Wir beobachten und interpretieren die Welt durch unsere mentalen Modelle. Ältere Erwachsene verfügen über Tausende von Modellen, mit denen sie die

Lernen, Veränderung und die Neutrale Zone (fortgesetzt)

Realität interpretieren. Echtes Lernen stellt oft die Gültigkeit mindestens einiger dieser Modelle infrage. Diese Infragestellung früherer Annahmen führt zu einem Zustand der mentalen Erregung (als „kognitive Dissonanz" bezeichnet), die anhält, bis das neue Verständnis verdrängt oder integriert ist.

Natürlich führt die Aneignung eines Beta-Organisationsmodells zu kognitiven Dissonanzen und zu der Notwendigkeit, dass Führungskräfte, Manager und Teammitglieder in die Neutrale Zone eintreten und sie durchlaufen. Neue Rollenportfolios und neue Formen der Interaktion erfordern neue Denkweisen und Kommunikationsmuster. Dem Reflex, sich umzudrehen und zum alten Modus zurückzukehren, muss ein robuster Transformationsansatz etwas entgegensetzen. Er muss attraktive, alternative Muster zur Verfügung stellen.

Rituale des Übergangs

Rituale des Übergangs könnte man als sozio-kulturelle Rituale oder Spiele bezeichnen. **Rituale des Übergangs definieren einen Anfang, eine Mitte und ein Ende einer Übergangserfahrung.** Solche Rituale werden in sozialen Gruppen seit Jahrtausenden durchgeführt, um Übergänge der menschlichen Erfahrung konstruktiv zu kanalisieren. OpenSpace Beta verwendet ein Ritual des Übergangs, das mit jeweils einem OpenSpace Meeting beginnt und endet. Zusammen mit verschiedenen anderen Mechanismen der 90 Tage des „Üben–Flippen–Lernen", verleiht diese Klammer aus OpenSpace-Begegnungen der Neutralen Zone Struktur. Ähnlich wie Rituale der Reifung und der Identitätsbildung in unseren Gesellschaften: Einschulung, Zeugnisübergaben, Abschlussfeiern, Feste, Hochzeiten, Totenwache und Totenfeiern.

Der Zweck von Ritualen des Übergangs ist, der Realität gerecht zu werden: Menschen reifen, altern, sterben. Gesellschaften müssen sich an neue Bedingungen anpassen. Mithin erlauben Rituale, den Übergang von einem Zustand des Seins in einen anderen zu erleichtern – nicht aber, den Übergang zu vermeiden! Ein schwerwiegender Fehler in bekannten Formen des Change Management in Organisationen ist, dass sie der Neutralen Zone der Akteure keinen Raum geben oder diese unkuratiert lassen. Solche Ansätze oszillieren zwischen aufdringlicher Überbetreuung und der kompletten Negierung des menschlichen Zustands. Diese Fehler vermeidet OpenSpace Beta.

Rituale des Übergangs dienen als Container, mit deren Hilfe die Entwicklung individueller Menschen und tiefgreifende Veränderung in sozialen Gruppen in der Neutralen Zone kanalisiert werden können. Übergänge sind Teil unserer Lebensrealität. **Ein Ritual des Übergangs ist insofern kein „Eingriff", sondern lediglich ein sozio-kultureller Mechanismus zur Bewältigung dieser Übergange.** Das wirft die Frage auf, was die Bedeutung solcher Rituale im Zusammenhang mit Organisationsentwicklung ist. Die Antwort lautet: In der Realität von Organisationen lässt sich Veränderung nicht vermeiden. Veränderung ist zumutbar. Rituale des Übergangs sind unter der Voraussetzung ein probates Mittel der Organisationsentwicklung, sofern das Ritual selbst nicht als Zwang angelegt ist, sondern als Angebot. Das Ritual des Übergangs muss mit klaren Zielen, klaren Grenzen (oder Prinzipien) und hilfreichen Rückmeldungen ausgestattet sein und Akteuren die Freiwilligkeit der Teilnahme garantieren.

Mit anderen Worten, das Ritual des Übergangs selbst erzeugt keinen Stress. Stattdessen strukturiert ein solches Ritual die Erfahrung der Neutrale Zone und entlastet die Organisationsmitglieder. Das Ritual strukturiert das eigentlich Unstrukturierte und bietet so Verlässlichkeit in dynamischen Zeiten.

Robustheit in der Neutralen Zone

Die Aneignung von Beta-Prinzipien ist stets mit neuen Erfahrungen auf individueller, auf Team- und Organisationsebene verbunden. Das ist gut so – und es ist unvermeidbar, wenn man von „geringen Niveaus unternehmerischer Selbstorganisation" zu „hohen Niveaus unternehmerischer Selbstorganisation" gelangen möchte. Eine Kernidee von OpenSpace Beta ist, dass die mit einer Beta-Transformation verbundenen Einsichten, Erfahrungen, Emotionen innerhalb der Neutralen Zone einen geschützten Raum erfordern. Durch die verlässliche Struktur von OpenSpace Beta (siehe Timeline) wird dieser Raum erzeugt. Das klar strukturierte Ritual des Übergangs mit seiner zeitlichen Disziplin, seinem klaren Rollenmodell und seinen Strukturelementen schafft für Teilnehmende eine strukturierte Erfahrung mit „Anfang", „Mitte" und „Ende".

OpenSpace Beta ist damit eine wiederholbare Sozialtechnologie, mit deren Hilfe schnelle und dauerhafte Aneignung von Beta-Prinzipien erreicht werden kann. OpenSpace Beta ist für jede Organisation nutzbar, gleich „wo sie herkommt", über welche Art von Belegschaft sie verfügt, oder wie in der Vergangenheit gearbeitet wurde.

Lernen, Veränderung und die Neutrale Zone (fortgesetzt)

Gemeinschaftsgeist

Hauptanliegen jeder Beta-Transformation ist, durch die Arbeit am Organisationsmodell Verhältnisse zu schaffen, in denen unternehmerische Höchstleistung möglich ist. Eine solche Transformation endet prinzipiell nie – in der Theorie nicht und in der Praxis nicht. **Denn Selbstorganisation auf hohem unternehmerischen Niveau ist auf kontinuierliches, niemals endendes Lernen und Verbessern angewiesen. Sie bedarf eines „ewigen Beta".**

Beta-Transformationen gedeihen auf der Grundlage gemeinschaftlicher Arbeit am System und dem daraus entstehenden „Gemeinschaftsgeist" – auch Zusammenhalt, Korpsgeist oder „Esprit de Corps" genannt. Funktioniert die gemeinschaftliche Arbeit, ist der Gestaltungsraum für Beta-Transformation offen. Ist der Gemeinschaftsgeist „gering", wird nur wenig Systemgestaltung stattfinden. Gemeinschaftsgeist entsteht durch klar verstandene und einheitlich angewandte Prinzipien (nicht: Regeln). Er entsteht aus der Einsicht heraus, dass sich jede und jeder engagieren kann, darf und sollte. Er folgt aus der Erkenntnis: „Wir können jede Veränderung durchstehen, sofern wir es nur gemeinsam tun!"

Beta-Transformation wirft bei Mitgliedern einer Organisation Fragen auf, die beantwortet werden müssen. Was sind meine Rollen in der Organisation? Was sind die Prinzipien oder die „Spielregeln" von Selbstorganisation oder Beta? Wann endet das, was wir hier tun? Was bedeutet es für meinen Status in der Gruppe? Diese und andere berechtigte Fragen betreffen alle Organisationsmitglieder gleichermaßen. In der Neutralen Zone, mit sich wandelnden Organisationsprinzipien, neuen Rollen und sich wandelnden Arbeitsweisen, bedarf es umsichtiger Beforschung und Beantwortung dieser Fragen im Miteinander.

Alle Akteure erleben und durchlaufen diese Erfahrungsphase auf ihre eigene Weise – in verschiedener Gangart, mit unterschiedlichem Tempo. Das gilt es zu respektieren. Gleichzeitig befinden sich alle in einem sozialen, gemeinschaftlichen Prozess: Jede und jeder lernt etwas, die Akteure befinden sich zum Ende des Rituals in einer anderen Verfasstheit. Die Organisation ebenfalls.

{ Komplexe Übergangsrituale wie OpenSpace Beta sind bewusst gestaltete kulturelle Erfahrungen oder kulturelle Erlebnis-Designs, die darauf abzielen, die Gemeinschaft zu stärken. }

Der „Spielcharakter" von Arbeit in selbstorganisierten Systemen

Versuchen wir einen anderen Blick auf das Phänomen Arbeit, beginnend mit einer Frage: Was sind die Bedingungen dafür, dass Menschen ihre Arbeit als grundsätzlich positiv und erfüllend, mit Freude und Zufriedenheit erleben können?

Unabhängig von unterschiedlichen Bedürfnissen, die in individuellen Lebensumständen und Persönlichkeitsstrukturen begründet liegen, streben Menschen nach dem Erleben dreier Zustände: denen von Selbstwirksamkeit, Selbstverwirklichung und Sinnhaftigkeit des Handelns. Diese drei Zustände zu ermöglichen ist entscheidend für Engagement und die Bereitschaft, „dabei zu bleiben" – die beide wiederum zwingende Voraussetzungen für ein hohes Niveau an Selbstorganisation sind.

Das wirft die Frage auf, in welchen Domänen wir selbstverständlich und durchgängig Verhältnisse vorfinden, die genau das gewährleisten. Und wo wir Voraussetzungen finden, die auch im Rahmen von Organisationsentwicklung nutzbar gemacht werden können. **Die Antwort lautet: „Spiele".** Denn erfolgreiche Spiele, die von Menschen gerne, mit Begeisterung und immer wieder gespielt werden, bieten den Spielenden Folgendes:

- Das Erleben von Kontrolle bzw. Selbstkontrolle.
- Die Beobachtbarkeit oder Messbarkeit des Fortschritts.
- Die Erfahrung von Zugehörigkeit.
- Die Wahrnehmung von Sinn und Bedeutung dessen, was man tut.

OpenSpace Beta macht sich diese Prinzipien zunutze. Es ist so gestaltet, dass die absichtsvolle Nutzung guter Spielmechaniken leicht möglich ist. Interaktionen und Zusammenarbeit sind so gestaltet, dass die Teilnahme auf ein befriedigendes, Freude bereitendes und produktives Erlebnis und Ergebnis hin ausgerichtet wird.

Gute Spiele haben vier grundlegenden Eigenschaften, von denen jede erfüllt sein muss. Diese sind:

- Ein klares Ziel.
- Ein klarer Satz von Prinzipien, denen das Spiel folgt und die eingehalten werden müssen.

Der „Spielcharakter" von Arbeit in selbstorganisierten Systemen (fortgesetzt)

- Die Möglichkeit, den Fortschritt des Spiels zur verfolgen.
- Eine stets freiwillige Teilnahme.

Spiele, die diesen Kriterien nicht gerecht werden, sind für Menschen unattraktiv und führen dazu, dass sie sich zurückziehen. Solcher Rückzug wird in konventionellen Change-Vorgehensweisen oft als „Widerstand gegen die Veränderung" interpretiert. **Dabei handelt es sich jedoch nicht um Widerstand gegen Veränderung an sich, sondern um eine Reaktion auf unvollständige oder schlechte Spielmechaniken.**

OpenSpace Beta erleichtert organisatorische Veränderung, indem es aus der Veränderungsarbeit eine Vielzahl guter Spiele macht. Eine besonders wichtige „Spielkomponente" ist die Einladung (anstelle von Anweisung, Anordnung oder Zwang). Die Teilnehmenden werden eingeladen, Beta-Muster zu initiieren, zu üben und die eigene Organisation konkret zu gestalten.

Damit die Beta-Transformation Freude macht, müssen die vier aufgeführten Eigenschaften von Spielen sinnvoll „eingestellt" werden. In OpenSpace Beta ist der durchgängige Fokus auf Spielmechaniken (anstatt auf Zwang) implizit und notwendig.

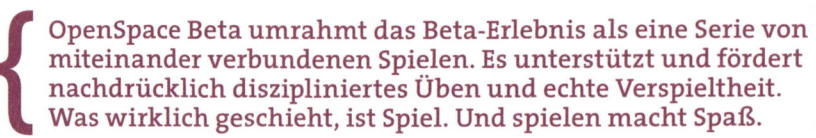

{ OpenSpace Beta umrahmt das Beta-Erlebnis als eine Serie von miteinander verbundenen Spielen. Es unterstützt und fördert nachdrücklich diszipliniertes Üben und echte Verspieltheit. Was wirklich geschieht, ist Spiel. Und spielen macht Spaß. }

Terminologie

OpenSpace Beta basiert auf einer Reihe von Konzepten und Theorien aus Betriebswirtschaft, Soziologie, Psychologie, Kulturanthropologie und Organisationswissenschaften, die in einem Handbuch wie diesem nicht detailliert beschrieben werden können. Sie werden u.a. in den im Abschnitt Leseempfehlungen genannten Büchern ausgeführt. Hier sind einige der Begriffe kurz erläutert, die in diesem Buch Verwendung finden.

Absichtsvolles Storytelling: Der Akt, einen sozialen Raum durch Narrative mit Sinn zu füllen, in der Absicht, Neueinordnung (Reframing) und positive Dynamiken zu unterstützen.

Alpha. Das Gegenteil von Beta. Wird oft als „Taylorismus", als „Command-and-Control" oder „Pyramidenorganisation" bezeichnet. Alpha basiert auf der Annahme, dass Organisationen von oben nach unten gesteuert werden können bzw. müssen und dass Effizienz durch Abtrennung des Denkens an der Spitze von der Ausführung an der Basis erzeugt werden kann. Zur Sozialtechnologie Management geronnen funktionierte Alpha im Industriezeitalter gut genug. Alpha-Organisation kann der erhöhten Komplexität des Wissenszeitalters jedoch nicht viel entgegensetzen: Dies führt zum Leiden heutiger Alpha-Organisationen. Die Mehrheit der Unternehmen befindet sich weiterhin im Alpha-Modus. Ebenso wie Beta kann Alpha-Denkweise durch ein unteilbares Set von 12 „Gesetzen" oder Prinzipien artikuliert werden.

Aufsteigen/Leveling up. Aus dem Bereich des Gaming: Fortschritt oder Abschluss auf einem neuen Niveau. Hier: Ein neues Niveau/eine „höhere Stufe" der Könnerschaft.

Beeinflusser. Eine Person, die Einfluss hat, die von anderen gemocht wird und Beziehungs-/soziale Macht besitzt. Einfluss entsteht in Informeller Struktur.

Beitrittsentscheidung. Die freiwillige Entscheidung, eine Einladung anzunehmen. Das Gegenteil Anordnung, Weisung, Zwang.

Beta/BetaCodex/Beta-Kodex. Beta ist die Organisationsdenkweise, die für komplexe Märkte und für Menschen geeignet ist. Das Beta-Mindset wird durch den Beta-Kodex artikuliert: Ein unteilbares Set von 12 Prinzipien.

Coach(es). Einer oder mehrere externe Begleiter, die beim Üben von Beta-Prinzipien, -Methoden und -Praktiken unterstützen. Eine strikt temporäre Rolle in OpenSpace Beta.

Terminologie (fortgesetzt)

Economic Buyer. Aus der Sicht eines externen Dienstleisters jene Person in einer Kundenorganisation, die, um Unterstützung von außen einzuholen, „den Scheck unterschreibt". Während für OpenSpace Beta keine konventionellen externen Berater erforderlich sind, werden die Rollen des Zeremonienmeisters und der Coach(es) in der Regel mit externen Dienstleistern besetzt. Normalerweise wird der Economic Buyer auch die Rolle des Sponsors in OpenSpace Beta ausfüllen.

Einladung. In OpenSpace Beta die vom Sponsor angebotene Möglichkeit, mit anderen zu handeln oder sich an einer Aktivität zu beteiligen. In der Regel bedeutet dies, an einer Veranstaltung teilzunehmen oder bei einem Prozess der Veränderungsarbeit mitzumachen. Echte Einladungen haben bei Nichtannahme keine Sanktionen oder andere implizierte oder ausgesprochene (negative) Konsequenzen zur Folge.

Facilitator/OpenSpace Facilitator. In OpenSpace und anderen Arbeitsformaten eine Rolle, die von einer Person eingenommen wird, die daran arbeitet, den Beteiligten die Teilnahme zu erleichtern und Freude an der Teilhabe zu ermöglichen. Eine Person, die vom Sponsor autorisiert wurde, um die Ausführung eines OpenSpace Meeting zu unterstützen. OpenSpace Facilitators tragen dazu bei, eine Atmosphäre der Offenheit und Sicherheit zu schaffen und den Raum während des gesamten OpenSpace-Meetings offen zu halten.

Flippen/Flips. Flippen bedeutet, bewusst in das Organisationssystem einzugreifen und es vom Alpha-Modus in den Beta-Modus zu katapultieren. Flips sind „absichtsvolle Interventionen am System der Arbeit" – sie eliminieren, verstärken Systemelemente oder führen neue Systemelemente ein. Flips können oft sehr schnell umgesetzt werden.

Kapitel/Lernkapitel. Eine organisationale Lernperiode mit klarem Anfang, Mitte und Ende. In OpenSpace Beta findet ein Kapitel des Lernens zwischen zwei OpenSpace-Meetings (OS 1 und OS 2) statt und dauert 90 Tage.

Komplexithoden. Organisationswerkzeuge, die untrennbar mit dem Menschen verbunden sind: Komplexithoden sind ebenso lebendig und komplex wie die Probleme, die wir mit ihnen lösen wollen. Ein Beispiel für eine Komplexithode ist OpenSpace. Andere Komplexithoden sind Relative Ziele oder Organisationshygiene.

Leadership/Leaderships. Geschieht im Zwischenraum zwischen Menschen. Der Begriff „Leader" ist in diesem Sinne ein Oxymoron und der Begriff sollte nur im Plural existieren („Leaderships"), da sich soziale Dynamiken der Führung innerhalb jeder der drei Organisationsstrukturen – Formelle, Informelle und Wertschöpfungsstruktur – entfalten. Siehe Organisationsphysik

Muster. Der Systemtheorie zufolge bestehen Organisationen nicht aus Menschen, sondern nur aus der Kommunikation der Menschen. Diese Kommunikation ist nicht chaotisch oder unstrukturiert. Kommunikation entsteht innerhalb von Mustern, die aus sozialer Dynamik heraus entstehen und die letztlich nicht vollständig von den Mitgliedern einer Organisation kontrolliert werden können. In OpenSpace Beta ist eine absichtliche und intensive Irritation bestehender Muster durch Üben, Lernen und Flippen gewollt und angelegt.

Neutrale Zone. Ein instabiler Übergangszustand zwischen zwei Zuständen. Eine Person erlebt die Neutrale Zone, wenn sie verlobt ist und kurz vor der Heirat steht, wenn sie mit dem Rauchen aufhört, den Job oder den Wohnsitz wechselt. Von einer Organisation wird gesagt, dass sie sich in einer Neutralen Zone befindet, wenn sie von einer Denk- und Arbeitsweise zu einer anderen übergeht, zum Beispiel in den Anfängen der Einführung neuer Werkzeuge, oder bei der Annahme eines auf Selbstorganisation beruhenden Organisationsmodells. Unsicherheit und Unklarheit über den neuen Weg können zwischenzeitlich zu Verwirrung und Stress führen. Weitere Informationen finden sich bei *Bridges, William: Managing Transition*

Open Source. Eine spezifische Lizenz, die breite Nutzung von Innovationen, Gemeinschaft und kollaborative Arbeit fördert und gleichzeitig die Arbeit der Urheber und Mitwirkenden respektiert. Der Beta-Kodex, OpenSpace Beta© und Prime/OS™ sind als Open Source-Sozialtechnologien veröffentlicht.

OpenSpace. Ein Veranstaltungsformat, das Selbstorganisation fördert. Das OpenSpace-Format wurde entwickelt, um ein hohes Maß an Engagement zu erzeugen. Dies geschieht, indem alle Teilnehmenden mit einem Bewusstsein für eigene Verantwortung und eigenes Lernen an einem Ort dazu gebracht werden, Themen zu bearbeiten, die für alle Teilnehmenden von Bedeutung sind. OpenSpace Beta verwendet OpenSpace, um Engagement hervorzubringen und zu maximieren.

Terminologie (fortgesetzt)

Projektion. Die oft unbewusste Zuschreibung von Autorität und Macht auf externe Begleiter von OpenSpace Beta (Coaches und Zeremonienmeister), die leicht zu einer Barriere für den Veränderungsfortschritt innerhalb der Kundenorganisation werden kann.

Protokolle. Dokumentation der Sessions eines OpenSpace Meetings. Die Protokolle beinhalten die Namen der Teilnehmenden, Worte, Diagramme und Bilder, die beschreiben, was in der jeweiligen Session besprochen wurde.

Reputationsträger. Eine Person, die einen für die Wertschöpfung relevanten Ruf hat oder von anderen als Könner anerkannt wird. Reputationsmacht entsteht innerhalb der Wertschöpfungsstruktur einer Organisation.

Resonanzzeit. In OpenSpace Beta, ein Zeitraum von 30 Tagen nach einer 90-tägigen Übergangsphase. Das Ritual des Übergangs in OpenSpace Beta beginnt und endet mit einem OpenSpace Meeting von mindestens einem Tag. Während der Resonanzzeit kommunizieren die OpenSpace Beta-Begleiter (Zeremonienmeister, Coaches) nicht mit der Organisation und die externe Unterstützung wird für diesen Zeitraum eingestellt.

Spielmechaniken. Die spezifischen Merkmale eines Spiels, die beeinflussen, wie effektiv das Spiel bei der Schaffung von Engagement ist. Gut geformte Spiele verfügen über gut ausgebildete Spielmechaniken mit insbesondere folgenden Merkmalen: klaren Zielen, klaren Regeln, einer klare Art und Weise, den Fortschritt zu verfolgen, sowie freiwillige Teilnahme.

Sponsor. Eine Person aus der Organisation, die mindestens über ausreichende formelle Autorität verfügt, um alle relevanten Akteure zu einem OpenSpace Meeting, das mindestens einen ganzen Tag langt dauert, einzuladen und zu versammeln.

Organisationsphysik. Alle Organisationen verfügen über drei Strukturen: Formelle, Informelle und Wertschöpfungsstruktur. Aus diesen Strukturen erwachsen drei Arten von Macht (Hierarchie, Einfluss und Reputation) und drei Arten von Führung (Compliance, soziale und Wertschöpfungsführung). Die drei Strukturen sind von gegenseitigen Abhängigkeiten geprägt.

Rituale des Übergangs. In der Kulturanthropologie und in sozialen Gruppen versteht man unter Ritualen im Allgemeinen kulturelle Artefakte, während derer sich der soziale Status von Teilnehmenden ändert. In OpenSpace Beta ein Metawerkzeug zur Verarbeitung der kognitiven Dissonanz und sozialen Dynamiken, die erforderlich sind, um zu einer neuen Art des Denkens und Arbeitens zu gelangen. Rituale des Übergangs helfen den Menschen, neue Identitäten und Arbeitsweisen zu verstehen und sich zu eigen zu machen. OpenSpace-Meetings und Phasen des Übens mit Beta-Praktiken dienen als Übergänge. OpenSpace Beta ist der Entwurf eines Rituals des Übergangs für Teams und Organisationen. Siehe auch Neutral Zone, Zeremonienmeister

Zeremonienmeister/in. In einem Ritual des Übergangs eine wesentliche Rolle. Die oder der Zeremonienmeister/in versteht die Phasen des Übergangs von einem Zustand in einen anderen, gibt dem Sponsor und den Teilnehmenden Sicherheit, solange sie sich in der Transformation befinden, und stellt sicher, dass sie die vereinbarten Begrenzungen des Kapitels einhalten. In OpenSpace Beta wird diese Rolle von einem OpenSpace Beta Practitioner besetzt – typischerweise einem Organisationsentwickler und „Trusted Advisor".

Zwang. In einem Prozess der organisatorischen Veränderung ein Befehl, eine Anweisung oder eine andere Kommunikationsform, die eine obligatorische Beteiligung schafft, ohne Rücksicht darauf zu nehmen, was Teilnehmende wollen, denken oder fühlen. Manchmal mit einer Einladung verbunden, aber im Wesen völlig anders.

Teil 2

OpenSpace-Technologie: Rollen & Kernideen

(Mit einer Einführung von Harrison Owen)

Über OpenSpace-Technologie

OpenSpace oder OpenSpace-Technologie – manchmal auch OST genant – ist eine Großgruppenmethode und ein prinzipiengeleitetes Veranstaltungsformat. Seit über 30 Jahren haben Gruppen von einer Größe von 50 bis 2.000 Personen in mehr als 120 Ländern der Welt mit OpenSpace den Raum für authentischen Dialog geöffnet und so versucht, komplexe Probleme zu lösen.

OpenSpace Meetings sind dann am erfolgreichsten, wenn die Organisation über Folgendes verfügt:
- ein ungelöstes, komplexes Problem von hoher Bedeutung für die Teilnehmenden und hoher Dringlichkeit,
- Interesse an Lösungen bei den Teilnehmenden, hohe Vielfalt des Teilnehmerkreises und die Möglichkeit der Entstehung von Konflikten im Zusammenhang mit dem Problem,
- eine schlechte Reaktionszeit der Organisation,
- ein Organisationsmodell, das nicht zukunftsfähig ist.

Das OpenSpace-Format ist perfekt geeignet für den Start einer Beta-Transformation und für den Neustart, die Neugestaltung oder die Umgestaltung einer mühsam-schwierigen „agilen" Transformation.

OpenSpace-Technologie basiert auf Einladung und Beitrittsentscheidung – vor allem aber auf Selbstorganisation. Die Einhaltung seiner Prinzipien führt zu einem hohen Maß an Engagement, da die Teilnehmenden gemeinsam für die Beta-Transformation verantwortlich zeichnen. Es ist ihre Transformation. OpenSpace-Technologie nutzt Selbstorganisation – denn Selbstorganisation „skaliert" ganz natürlich. Sogenannte Frameworks, Blueprints und Rezepte hingegen skalieren nicht. Menschen dem Zwang auszusetzen, bestimmte Dinge zu tun, ist wenig wirksam, da sie Engagement vereiteln.

In OpenSpace Beta beginnt und endet jede Phase des Übergangs, also des intensiven „Übens – Flippens – Lernens" in OpenSpace. Die ein- oder zweitägigen OpenSpace Meetings können je nach Gruppengröße aus 20, 50 oder mehr Gesprächs-Sessions bestehen. Sei darauf vorbereitet, überrascht zu werden!

{ OpenSpace wurde als ein Ansatz zur Organisationsentwicklung konzipiert. Als Konferenztechnik wurde es populär. Mit OpenSpace Beta kehrt OpenSpace nach Hause zurück. }

Eine kurze Gebrauchsanleitung zur OpenSpace-Technologie. Von Harrison Owen

Dieser Auszug aus dem *Brief User´s Guide* von Harrison Owen ist hier mit Genehmigung des Autors abgedruckt. Leserinnen und Leser möchten wir ermutigen, den umfassenderen und vollständigeren *Open Space Users´s Guide* von Harrison Owen zu studieren. Er ist in dritter Auflage in gedruckter Form sowie als ebook verfügbar.

***

Anforderungen zur Durchführung von OpenSpace

OpenSpace-Technologie ist nur an wenige Vorbedingungen geknüpft. Es muss ein klares und überzeugendes Thema, eine interessierte und engagierte Gruppe, Zeit und Ort und eine Führungskraft geben. Detaillierte Vorabgespräche, Pläne und Materialien sind nicht nur unnötig – sie sind in der Regel sogar kontraproduktiv. Diese kurze Nutzungsanleitung hat sich als effektiv erwiesen, um neuen Führungskräfte und OpenSpace-Gruppen Einblick in OpenSpace zu geben. Es gibt zwar viele zusätzliche Aspekte, die man über das Arbeiten im OpenSpace lernen kann, doch dies hier wird dir den Einstieg erleichtern. Um ein relativ vollständiges Bild zu vermitteln, wurden hier einige Aspekte aufgenommen, die auch im *Open Space Users´s Guide* enthalten sind.

Das Thema. Die Formulierung eines aussagekräftigen Themas ist von entscheidender Bedeutung, da das Thema der zentrale Mechanismus ist, um die Diskussion zu fokussieren und Teilnahme zu fördern. Das Thema darf jedoch kein langwieriger, trockener Vortrag von Zielen und Vorgaben sein. Es muss geeignet sein, zur Teilnahme anzuregen, indem es spezifisch genug ist, um die Richtung vorzugeben, und gleichzeitig über ausreichende Offenheit verfügen, um die Vorstellungskraft der Gruppe anzuregen.

Es gibt keine Patentrezept dafür, wie das Thema auszusehen hat. Denn was eine Gruppe inspiriert, wird bei einer andere Gruppe zum völligen Abschalten führen. Eine Möglichkeit dafür, über das Thema nachzudenken, ist die Einleitung mit einer wirklich spannenden Geschichte. Der Leser der Einladung sollte genügend Details haben, um zu wissen, wo die Geschichte hinführt und was einige der möglichen Abenteuer sein werden. Aber am Anfang „alles" preiszugeben wird es ziemlich unattraktiv werden lassen, mit dem Lesen fortzufahren. Wer würde schließlich eine Geschichte lesen, die er bereits kennt?

Die Gruppe. Die Gruppe muss interessiert und engagiert sein. Andernfalls wird OpenSpace-Technologie nicht funktionieren. Die Schlüsselkomponenten für tiefgehendes, kreatives Lernen sind echte Freiheit und Verantwortung. Freiheit ermöglicht Erforschen und Ausprobieren, während Verantwortung dafür sorgt, dass beides mit Nachdruck verfolgt wird. Interesse und Engagement sind Voraussetzungen für den verantwortungsvollen Umgang mit Freiheit. Es gibt keine uns bekannte Möglichkeit, Menschen zu zwingen, interessiert und engagiert zu sein. Das muss eine Voraussetzung sein!

Eine Möglichkeit, Engagement und Interesse zu sichern, besteht darin, die Teilnahme an der OpenSpace Meeting völlig freiwillig zu gestalten. Die Menschen, die kommen, sollten da sein, weil sie da sein wollen. Es ist dafür unerlässlich, dass alle Teilnehmenden bereits vor ihrer Ankunft wissen, worauf sie sich einlassen. Selbstverständlich können sie die Details von Diskussionen, die noch nicht stattgefunden haben, nicht kennen. Aber sie können und sollten auf die allgemeinen Grundzüge aufmerksam gemacht werden. OpenSpace mag nicht jedermanns Sache sein, und unfreiwillige, nicht informierte Teilnahme steht nicht nur ein Widerspruch zu Freiheit und Verantwortung, sie kann auch sehr destruktiv wirken.

Dies wirft die natürliche Frage auf, wie mit Menschen umzugehen ist, die du einbeziehen willst, die aber aus irgendeinem Grund deinen Wunsch nach Dialog nicht teilen. Es gibt zwei Möglichkeiten. Die erste ist, zwei Meetings zu planen, und darauf zu vertrauen, dass das erste so lohnend sein wird, dass die positive Mundpropaganda die Widerwilligen zum nächsten Meeting anzieht. Die Alternative ist, die Wünsche der Beteiligten zu respektieren. Letztendlich ist es so, dass echtes Lernen nur auf der Grundlage von Interesse und Engagement stattfindet. Und es gibt absolut keine Möglichkeit, beides zu erzwingen.

Die Größe der Gruppe ist nicht unbedingt entscheidend. Allerdings scheint es eine Untergrenze von etwa 20 zu geben. Weniger als 20 Teilnehmende, und es entsteht die Tendenz, die notwendige Vielfalt zu verlieren, die einen echten Austausch ermöglicht. Am oberen Ende der Skala arbeiten Gruppen von 400 Personen sehr gut, und es gibt keinen Grund zu der Annahme, dass diese Anzahl nicht erhöht werden könnte.

Raum. Der Platzbedarf ist kritisch, Räumlichkeiten müssen aber nicht aufwändig oder elegant sein. Komfort ist wichtiger: Du benötigst einen Raum, der groß genug ist, um die gesamte Gruppe aufzunehmen, mit genügend Platz, damit sich die Teilnehmenden leicht bewegen können. Tische oder Schreibtische sind nicht nur unnötig, sie behindern auch. Bewegliche Stühle sind unerlässlich.

Der erste Aufbau ist ein Kreis mit einer großen, leeren Wand irgendwo im Raum. Die Wand muss frei von Fenstern, Türen, Vorhängen sein und mit einer Oberfläche ausgestattet sein, die es ermöglicht, Papier mit Klebeband o.ä. zu befestigen. Die Wand sollte lang genug sein, damit die gesamte Gruppe vor ihr stehen kann, und nie mehr als drei bis vier Personen hintereinander. Die Mitte des Kreises ist leer, denn schließlich geht es um einen OpenSpace.

Bei sehr großen Räumen sind zwar zusätzliche Break-out-Bereiche nicht erforderlich, aber sie sind immer hilfreich. Das Wichtigste ist, Verhältnisse zu schaffen, in denen es eine Fülle gemeinsamer Räume gibt. Wenn du ein Konferenzzentrum oder ein Hotel nutzen möchtest, finde eins mit vielen Gesprächsecken, Lobbys und Freiflächen, wo sich Menschen ungestört treffen und miteinander reden können, ohne andere zu stören.

Zeit. Der Zeitaufwand hängt von der Spezifität des Ergebnisses ab, das du erzeugen willst. Auch eine große Gruppe kann in nur acht Stunden ein Problem gut untersucht haben – ein hohes Maß an Interaktion, kombiniert mit Problembewusstsein, vorausgesetzt. Wenn ihr jedoch tiefer gehen und konkrete Schlussfolgerungen und Empfehlungen erarbeiten wollt (wie bei „strategischer Planung" oder beim Produktdesign), kann sich der nötige Zeitaufwand auf zwei bis drei Tage belaufen.

Wichtiger als die Dauer der Zeit ist allerdings die Unversehrtheit der Zeit. OpenSpace-Technologie funktioniert nicht, wenn sie unterbrochen oder zerkleinert wird. Das bedeutet, dass von „Drop-Ins" abgeraten werden muss: Diejenigen, die kommen, müssen am Anfang dabei sein und wenn irgend möglich für die gesamte Dauer bleiben. Ebenso darf der Prozess, sobald er beginnt, nicht durch andere Ereignisse oder Präsentationen unterbrochen werden. Diese können vorher oder nachher stattfinden, aber niemals zwischendurch.

***

Die Basisstruktur

Obwohl es stimmt, dass eine OpenSpace-Veranstaltung keine vorgegebene Agenda hat, muss sie eine Gesamtstruktur oder einen Rahmen haben. Dieser Rahmen soll den Teilnehmenden nicht sagen, was sie wann tun sollen. Vielmehr schafft es eine unterstützende Umgebung, in der die Teilnehmenden Probleme selbst lösen können. Zu den minimalen Elementen dieses Gestaltungsrahmens gehören: Eröffnung, Agenda-Setting, OpenSpace und Abschluss. Diese Elemente reichen für Meetings mit einer Dauer von bis zu einem Tag aus. Längere Veranstaltungen erfordern zusätzlich Morgenankündigungen, Abendnachrichten und wahrscheinlich eine Feier.

Die Beschreibung eines Standard-OpenSpace-Designs, das alle diese Elemente verfügt, folgt auf den nächsten Seiten. Wenn das Ereignis, das du erwartest, länger dauert als die angegebene Zeit, repliziere einfach den mittleren Tag. Wenn es kürzer sein soll, wirst du feststellen, dass eine Eröffnung, ein OpenSpace und ein Abschluss ausreichen. Im Allgemeinen beträgt die Mindestdauer fünf Stunden, was aber recht knapp bemessen ist.

Eröffnung. Wir haben festgestellt, dass eine informelle Eröffnung, insbesondere dann, wenn es sich bei der Gruppe um eine intakte Arbeitsgruppe handelt, gut funktioniert. Ein Abendessen und Zeit für individuelle Gespräche vorab erleichtern den Einstieg. Sollte die Gruppe sich vorher nie begegnet sein, ist das einfachste Mittel, sich alle Teilnehmenden vorstellen zu lassen, indem sie ihre Namen nennen und eine kurze Anekdote aus ihrem Leben preisgeben, um zu zeigen, wer sie sind und was sie tun. Detaillierte und aufwändige „Eisbrecher"-Übungen scheinen nicht sehr gut zu funktionieren und geben vor allem einen falschen Ton vor. Schließlich wollen wir OpenSpace.

Agenda-Setting. Dies ist die Zeit für die Gruppe, um herauszufinden, was sie tun will. Die Details zu diesem Verfahren sind im *Open Space Users´s Guide* aufgeführt.

OpenSpace. Ist genau das, was die Worte bedeuten: Freiraum und Zeit für die Gruppe, um ihre Arbeit zu machen. Hier gibt es am Anfang buchstäblich nichts.

Ankündigungen. Ein kurzer Zeitraum an jedem Morgen, an dem sich die Gruppe darüber informieren kann, was sie wo, wann und wie tun wird. Nichts Ausführliches, keine Reden. Nur die Fakten, nichts als die Fakten.

Abendnachrichten. Dies ist in der Regel eine Zeit des Nachdenkens und für etwas ablenkenden Spaß. Nicht zu verwechseln mit einer formellen Berichtssitzung lautet der Ansatz: „What's the story?" – mit Teilnehmenden, die ihre Einsichten oder Erfahrungen freiwillig teilen.

Feier. Wenn dein OpenSpace-Event so ist wie all die anderen, die wir, insbesondere bei mehrtägigen Veranstaltungen, gesehen haben, wird es am letzten Abend der Veranstaltung Zeit sein zum Feiern, oder für eine Party. Selbst bei „ernsthaften" Unternehmungen, wie der Vorbereitung eines Strategischen Plans, ist es vorbei, wenn es vorbei ist, und die Menschen werden es genießen, diesen Umstand zu feiern. Wir empfehlen, die Feier im Geiste und in der Logik des Ablaufs der Veranstaltung durchzuführen. Das bedeutet, dass man nicht zu viel im Voraus planen sollte. Es kann sich lohnen, wenn deine Teilnehmenden zum Tanzen neigen, etwas „Musik vom Band" zu haben. Abgesehen davon wirst du zweifellos feststellen, dass die Fähigkeiten, die du brauchst, bereits in der Gruppe vorhanden sind. Nutze sie. Sketche, Lieder, humorvolle Rezensionen über das, was passiert ist, werden den Abend reichlich füllen und zur Lernerfahrung beitragen.

Abschluss. Wir versuchen, den Abschluss einfach und ernsthaft zu halten. Einfach heißt: Es gibt keine formellen Präsentationen und Reden. Ernsthaft bedeutet: Dies ist die Zeit für namentliche Verpflichtungen, für die Nennung nächster Schritte und für Beobachtungen darüber, was das Ereignis zu bedeuten hat. Die Abschlussveranstaltung (Plenum) findet am besten in einem kreisförmigen Setting statt. Beginn irgendwo und geh im Kreis, indem du jeder Teilnehmenden, die es möchte, die Möglichkeit gibst, zu sagen, was für sie von besonderer Bedeutung war und was sie oder er vorschlägt zu tun. Aber mache deutlich, dass niemand etwas sagen muss. In sehr großen Gruppen ist es natürlich unmöglich, alle zu hören, aber zwei oder drei Teilnehmende können gebeten werden, sich freiwillig zu melden.

Ergebnispräsentation. Formelle Ergebnispräsentationen sind leider zu einem festen Bestandteil des Konferenzlebens geworden. Wir finden das langweilig und im Allgemeinen unproduktiv. Es bleibt nie genug Zeit für jede Gruppe, um alles zu sagen, was sie wollte, und wenn genügend Zeit zur Verfügung steht, ist die Mehrheit der Konferenzteilnehmenden ab einem bestimmten Zeitpunkt uninteressiert. Alternativ empfehlen wir die Verwendung eines einfachen Texting- oder Social Media-Systems, eines Conferencing-Systems, oder beidem.

In einer kürzlich abgehaltenen OpenSpace-Konferenz erstellten 200 Teilnehmende 65 Task Force-Berichte (insgesamt 200 Seiten), die beim Verlassen der Konferenz verfügbar waren. Technisch gesehen braucht man dazu nur eine Reihe von Computern (Tablets/Laptops mit geringer Leistung reichen aus) und die Aufforderung an jeden Sessiongeber, die Ergebnisse ihrer Überlegungen in das System einzugeben. Sie können die Dokumentation entweder selbst eingeben, für die „Nicht-Eingabefähigen" wird eine kleine Gruppe von Schriftführern die Arbeit erledigen. Berichte können so ausgedruckt werden, wie sie eingegeben sind, und an der Wand aufgehängt werden, um eine laufende Aufzeichnung der Diskussionen in Echtzeit zu ermöglichen. Der offensichtliche Vorteil hierbei ist, dass die Teilnehmenden herausfinden, was geschieht, während es geschieht, und nicht bis zum Ende warten müssen, wenn es zu spät ist. Natürlich ist es eine angenehme und positive Überraschung, die Ergebnisse nicht Wochen später, sondern am Ende der Konferenz zu haben.

Mahlzeiten. Du wirst feststellen, dass in OpenSpace die Mahlzeiten nicht auf der Tagesordnung stehen und dass es keine Kaffeepausen gibt. Der Grund dafür ist ganz einfach: Sobald die Konferenz in kleinen Sessiongruppen zu arbeiten beginnt, gibt es in der Regel nie eine Zeit, in der nicht etwas Substanzielles vor sich geht. Und gemäß dem zweiten Prinzip wird alles zu seiner eigenen Zeit stattfinden. All dies schafft ein kleines, aber nicht unlösbares Problem für organisatorische Elemente wie Mahlzeiten und Kaffeepausen. Unsere Lösung ist, Kaffee und andere Erfrischungen im Hauptkonferenzraum zur Verfügung zu stellen, damit die Teilnehmenden sich bedienen können, wann immer sie fertig sind. Es ist nicht nötig, dass die ganze Gruppe in einen Gleichschritt fällt und eine wichtige Diskussion beendet, nur weil Kaffeepause ist. Ebenso bei den Mahlzeiten. Wir empfehlen Buffets, die offen und über einen Zeitraum von mehreren Stunden verfügbar sind, damit die Teilnehmenden essen können, wann sie wollen. Es gibt zwei Ausnahmen vom flexiblen Mahlzeiten-/Kaffee-Pausenplan: Ein Eröffnungsessen, so weit es vorgesehen ist, und ein Abendessen am letzten Abend.

Der springende Punkt ist, dass das Tempo und der Zeitpunkt der Konferenz von den Bedürfnissen der Gruppe und ihrem Lernprozess bestimmt werden müssen und nicht von den Anforderungen der Küche.

***

Interesssierte können in der Veröffentlichung von Harrison Owen (verfügbar unter *www.openspaceworld.com/users_guide.htm*) mehr darüber lesen, wie man in OpenSpace den Raum für Diskurs öffnet und geöffnet hält.

Autorität und Selbstorganisation in OpenSpace

Jede soziale Situation hat eine „Autoritätsdimension": Wer darf was warum? OpenSpace erzeugt durch die Schaffung außerordentlich selbstorganisierter Verhältnisse Musterbrüche in Sachen Autorität.

Dynamik, Verteilung und Zuschreibung von Autorität in OpenSpace sind einfach. Es gibt nur drei grundlegende Rollen: den Sponsor, den Facilitator und die Teilnehmenden.

- Der Sponsor (oder „Gastgeber") begrüßt die Gruppe der Teilnehmenden und autorisiert in der Begrüßung die Veranstaltung.

- Der Sponsor übergibt die Autorität zur Durchführung des OpenSpace Meetings an den Facilitator.

- Der Facilitator gibt diese Autorität im Folgenden weiter an die Teilnehmenden: zu jedem und jeder Einzelnen im Kreis der Teilnehmenden. Die Teilnehmenden spielen in OpenSpace die Hauptrolle bei der „Durchführung" der Veranstaltung.

Der Facilitator hält einen kleinen Teil der vom Sponsor erteilten Autorisierung bei sich zurück. Diese Autorität, die der Facilitator innehat und beibehält, ist die Autorität, „den Raum zu halten". Den Raum zu halten bedeutet, „die Verhältnisse für offenen Dialog zu sichern" oder „den Dialograum zu bewahren".

Wie dieses „Halten des Raums" tatsächlich erreicht wird, kann viele Formen annehmen. Es variiert von Facilitator zu Facilitator wie von Situation zu Situation. Bei einem OpenSpace Meeting haben die Teilnehmenden, zumindest theoretisch, die Möglichkeit, die Veranstaltung so zu erleben, wie sie es für richtig halten. Die Teilnehmenden beteiligen sich an der Veranstaltung entsprechend ihren eigenen Wünschen und Bedürfnissen, ohne dass dabei von jemandem eingegriffen werden darf, der ihnen sagt, was sie zu tun und zu lassen haben.

{ OpenSpace Meetings fördern ein hohes Maß an Verantwortung, indem sie sinnvolle, wirksame Verhältnisse schaffen, in denen sich maximale Selbstorganisation entfalten kann. }

OpenSpace-Rollen

OpenSpace-Technologie bietet eine einfache Vorlage zur Durchführung erfolgreicher, großer Veranstaltungen und Zusammenkünfte.

OpenSpace-Technologie kennt nur vier Rollen. Diese Rollen definieren Grenzen und geben Hinweise, wie sich Freiräume für Selbstorganisation öffnen lassen. In OpenSpace gibt es keinen Zwang.

- **Der Sponsor autorisiert die Veranstaltung und verleiht der Veranstaltung und den dort erarbeiteten Ergebnissen formelle Bedeutung.** Er überträgt dem Facilitator die notwendige Autorität und Verantwortung dafür, die Veranstaltung zu moderieren. Der Sponsor tritt sodann zur Seite, damit das OpenSpace Meeting sich entfalten kann.

- **Der Facilitator erhält vom Sponsor den Auftrag, das OpenSpace Meeting von Anfang bis Ende anzuleiten.** Der Facilitator bekommt die Autorität und die Verantwortung übertragen, den Raum zur Selbstorganisation zu öffnen und geöffnet zu halten. Alle verbleibenden Befugnisse und Verantwortlichkeiten für den Erfolg der Veranstaltung werden auf die Teilnehmenden übertragen.

- **Die Teilnehmenden organisieren sich selbst,** indem sie selbstbestimmt an Sessions teilnehmen, sich an Diskussionen beteiligen und die Ergebnisse mit dem Rest der Organisation teilen.

- **Sessiongeber sind Teilnehmende, die Sessions zur Diskussion in je einer kleineren Gruppe vorschlagen und initiieren.** In jeder Session ist der Sessiongebende dafür verantwortlich, die Session für Beiträge aller Teilnehmenden geöffnet zu halten. Sessiongeber sind auch verantwortlich für die Sicherung der Sessionergebnisse mittels Dokumentation.

Der Sponsor

Die Rolle des Sponsors ist die wohl herausforderndste und bedeutsamste Rolle in OpenSpace Beta. Ohne geeigneten Sponsor kann und wird die Transformation deiner Organisation nicht möglich sein.

Ein wirksamer Sponsor in OpenSpace Beta ist:
- Ein Formell autorisierter Manager mit hinreichender Berechtigung dazu, ein ganztägiges OpenSpace Meeting vorzubereiten und die Teilnahme aller eingeladenen Personen zu genehmigen.
- Eine Person, die Beta bzw. die Beta-Organisation wirklich, wirklich will.
- Bereit, die Rolle des Sponsors vollständig auszufüllen, indem sie/er alle Aufgaben und Pflichten, die damit einhergehen, bereitwillig übernimmt.
- Engagiert und bereit, unmittelbar nach dem OpenSpace Meeting auf Grundlage der erarbeiteten Protokolle gemeinsam mit anderen Mitgliedern der Organisation weiterzuarbeiten und entsprechend der Protokolle zu handeln.

Der Sponsor hat vor, während und nach den OpenSpace Meetings eine Reihe wichtiger Aufgaben.

Vor OS 1
- Der Sponsor bittet andere, sich an der Formulierung des Themas zu beteiligen, und findet heraus, wer sich engagiert und mitverantwortlich für die Gestaltung und Vorbereitung des ersten OpenSpace Meetings sieht.
- Der Sponsor schreibt die Einladung und sendet diese an alle Mitglieder der Organisation, die Akteure der Beta-Transformation sein werden. Durch den persönlichen Versand der Einladung weist der Sponsor auf die Bedeutung und auf das Gewicht der Veranstaltung hin. Delegieren dieser Verantwortung würde bedeuten, dass der Sponsor „Wichtigeres zu tun hat".
- Der Sponsor beteiligt sich aktiv am Absichtsvollen Storytelling zu OpenSpace Beta, zu dessen Zweck und zu den Maßnahmen, die später auf Grundlage der in OS 1 erzeugten Ergebnisse eingeleitet werden.

Während OS 1
- Sie/er begrüßt die Teilnehmenden; bedankt sich dafür, dass diese die Einladung zur Teilnahme an der Beta-Transformation angenommen haben.

- Kommuniziert offen die Chancen aber auch die Bedrohungen, denen sich die Organisation gegenüber sieht.
- Signalisiert deutlich, dass die Arbeit bei dieser Veranstaltung bedeutsam ist. Worte, Mimik, Körperhaltung, Stimmlage und Glaubwürdigkeit sind wichtige Signale. Die Teilnehmenden achten auf genau diese Signale. Sie geben Hinweise darüber, was der Sponsor tatsächlich über die Veranstaltung im Hinblick auf die Beta-Transformation denkt und fühlt.
- Stellt den Facilitator vor, übergibt die Leitung des OpenSpace an ihn und macht dann den Weg für die Veranstaltung frei.
- Nimmt als Peer und Kollegin/Kollege aktiv am OpenSpace teil, ohne dabei auf andere Teilnehmenden Zwang auszuüben.

Danach

- Der Sponsor macht die Protokolle so schnell wie möglich für alle zugänglich, üblicherweise durch Zugang in elektronischer Form mit einem Link zur Dokumentation. Die Veröffentlichung der kompletten Protokolle verdeutlicht, dass der Sponsor die Ergebnisse des OpenSpace respektiert und die Beta-Transformation ernsthaft betreibt.
- Sie/er lädt dazu ein, dass sich eine Gruppe von Unterstützern zusammenfindet, die die Protokolle sichten, strukturieren und entsprechende Handlungen einleiten wird.
- Schließlich beteiligt sich der Sponsor am Absichtsvollen Storytelling, das Bewusstseinsarbeit und die fortlaufenden Aktivitäten der Beta-Transformation unterstützt.

Es ist wichtig, dass der Sponsor und andere Formell autorisierte Manager das gesamte Ritual des Übergangs uneingeschränkt unterstützen. Der beste Weg, die Entschlossenheit und die Tatkraft des Sponsors zu demonstrieren, besteht darin, die in der Ergebnisdokumentation enthaltenen Lösungsansätze unverzüglich zu bearbeiten, sie bearbeitbar zu machen oder entsprechende Konsequenzen einzuleiten.

{ Der Sponsor muss von Beta und OpenSpace Beta wirklich, wirklich überzeugt sein. Sie/er muss Beta wirklich, wirklich wollen! Nur der Sponsor kann den Raum für Beta tatsächlich öffnen. }

Der Facilitator

Harrison Owen zufolge sind „die wichtigsten Zutaten für tiefgreifendes, kreatives Lernen ... echte Freiheit und echte Verantwortung".

OpenSpace-Technologie schafft ein gleichermaßen offenes und sicheres Forum, in dem die Teilnehmenden ihre wichtigsten Fragen und Probleme frei bestimmen, diskutieren und bearbeiten können. Die Teilnehmenden sind für den Erfolg der Veranstaltung verantwortlich. Die Aufgabe des OpenSpace Facilitators besteht darin, den Teilnehmenden zu dienen, indem der Raum dazu geöffnet und „gehalten" wird.

Der Facilitator ist vom OpenSpace-Sponsor offiziell zur Leitung der Veranstaltung autorisiert. Im Idealfall sollte der Facilitator, aus Gründen der Systemunabhängigkeit, keine andere Rolle oder Position innerhalb der Organisation haben. Im Gegenzug ermächtigt der Facilitator die Teilnehmenden formell, Fragen und Probleme, die mit der gesetzten Themenstellung zu tun haben, zu identifizieren, zu diskutieren und Lösungsansätze zu erarbeiten.

Der Facilitator bereitet den Raum im Voraus so vor, dass die Teilnehmenden die Umgebung und die Unterstützung vorfinden, die sie für kreatives Lernen benötigen:

- Im „Plenum" sind Stühle kreisförmig, in einem Halb- oder Dreiviertelkreis angeordnet, sodass möglichst alle Teilnehmenden sich untereinander sehen können. Es befinden sich lediglich einige leere Blätter und dicke Stifte innerhalb des Kreises.

- Eine große leere Wand, an der Sessionbeschreibungen aufgezeichnet oder angeheftet werden können – die Agenda nimmt hier in Form eines Rasters von Sessions Gestalt an.

- Im Raum aufgehängte Plakate vergegenwärtigen das Thema, sowie die vier Prinzipien und das eine Gesetz von OpenSpace. Eine Erinnerung an „Seid bereit, überrascht zu werden" komplettiert das Ganze.

Nach der formellen Übergabe durch den Sponsor begrüßt der Facilitator die Teilnehmenden und beschreibt kurz das Format OpenSpace. Der Facilitator gibt grundlegende Hinweise zu den Mechanismen von OpenSpace und erläutert dabei Folgendes:

- Die vier Prinzipien und das eine Gesetz.
- Jeder Teilnehmende kann Sessiongeber werden. Dies erfolgt durch Vorschlag und Terminierung eines Themas für das sie oder er sich intensiv interessiert. Wesentlich ist in OpenSpace Beta, dass die Diskussionsergebnisse protokolliert und damit für die weitere Bearbeitung gesichert werden können.
- Die Teilnehmenden werden eingeladen, die Sessions, die sie am meisten interessieren, auszuwählen und an diesen teilzunehmen.
- „Wir alle sehen uns für die Abschlussrunde wieder hier."

Der Facilitator tritt dann zu Seite, gestattet und traut den Teilnehmenden zu, sich selbst zu organisieren.

Im Laufe der Veranstaltung tut der Facilitator alles in ihrer/seiner Macht stehende, um zu gewährleisten, dass die Atmosphäre des OpenSpace erhalten bleibt. Das beinhaltet, dass der Facilitator beobachtet, was geschieht. Es kann bedeuten, dass der Facilitator Abfall einsammelt; dass er Stühle rückt, um Session-Settings in Ordnung zu bringen; oder dass er Störungen und Ablenkungen beseitigt, die das Klima des „offenen Diskursraums" beeinträchtigen.

Am Ende der Veranstaltung schafft der Facilitator die Bedingungen für die Abschlussrunde. Er fordert die Teilnehmenden auf, das Gelernte und Gedanken für das weitere Vorgehen zu teilen.

Der OpenSpace Facilitator sollte keine anderen Rollen innerhalb von OpenSpace Beta einnehmen, auch nicht innerhalb der 90 Tage „Üben – Flippen – Lernen".

{ Die Rolle des Facilitators ist leise und temporär. Sie ist dennoch fundamental, um den Diskursraum während des gesamten OpenSpace Meetings geöffnet zu halten. }

Die Teilnehmenden

Die Teilnehmenden entscheiden selbst, ob sie an dem OpenSpace Meeting, an den dort angebotenen Sessions und an anderen Gesprächen teilnehmen. Alle Prinzipien von OpenSpace (siehe Seite 56) haben vor allem den Zweck, die absolute Freiheit und Selbstverantwortung der Teilnehmenden während des OpenSpace zu betonen – ja diese hohe Autonomie unübersehbar zu machen.

Der OpenSpace Facilitator ermächtigt offiziell jeden Teilnehmenden, selbst darüber zu entscheiden, wie sie oder er an der Veranstaltung teilnimmt. Der Facilitator ermutigt alle Teilnehmenden, dem „Gesetz der zwei Füße" zu folgen: „Wenn du dich während unserer gemeinsamen Zeit in einer Situation befindest, in der du weder lernen noch einen Beitrag leisten kannst, dann nutze deine zwei Füße und geh woanders hin."

Im Gegenzug erklären sich alle Teilnehmenden damit einverstanden, für den Erfolg der Veranstaltung selbst verantwortlich zu sein. Die Teilnehmenden organisieren sich selbst, um die Aspekte des Themas des OpenSpace Meetings zu bearbeiten, an denen sie am meisten interessiert sind, und die Ergebnisse dieser Diskussionen in den Sessions mit dem Rest der Organisation zu teilen.

Die Teilnahme an OpenSpace Beta-Veranstaltungen ist völlig freiwillig. Diejenigen, die sich für eine Teilnahme entscheiden, sind da, weil sie es wollen. Die Teilnahme hängt nicht davon ab, ob bereits ein persönliches Commitment zum Beta-Kodex oder zur Beta-Transformation existiert: Die Teilnahme signalisiert das persönliche Interesse am Thema – nicht vorgefasste Meinung oder Urteil. OpenSpace gibt den Teilnehmenden die Freiheit, die Probleme innerhalb der Themenstellung zu identifizieren, zu diskutieren und zu lösen, die für sie am bedeutsamsten sind.

Teilnehmende können frei wählen, an welchen Sessions und anderen Gesprächen sie teilnehmen möchten. Alle Teilnehmenden sind berechtigt, Sessiongeber zu werden und eigene Sessionthemen vorzuschlagen.

Die Sessiongeber

Sessiongeber sind OpenSpace-Teilnehmende, die Sessions in kleinen Gruppen vorschlagen, initiieren und/oder informelle Diskussionen anstoßen. Sie treten als Knotenpunkte (informeller) Führung während eines OpenSpace Meetings hervor.

Allen Teilnehmenden steht es frei, Sessiongeber zu werden. Dies erfolgt durch:
- Vorschlag eines Themas, das auf dem „Session-Marktplatz" hinzugefügt wird,
- Austausch mit anderen Sessiongebern, so weit nötig, um festzulegen, wo und wann eine spezifische Session stattfinden kann,
- Eröffnung der Diskussion in der Session, Begrüßung der Teilnehmenden und Einladung dazu, sich an der Diskussion zu beteiligen,
- Sicherstellung, dass die Ergebnisse der Diskussion erfasst und aufgezeichnet werden, sodass diese Teil der Session-Dokumentation (Protokolle) werden können.

Eine Session einzuberufen bedeutet, das Thema kurz zu erklären und dann die Session für den freien Dialog geöffnet zu halten. Es bedeutet nicht, sich ein Publikum zu suchen, dass dem zuhört, was die Sessiongeberin oder der Sessiongeber zu sagen hat. Ein paar zusätzliche Hinweise oder Leitlinien, die sich jeder Sessiongeber merken sollte:

- Es ist völlig in Ordnung, wenn ein Thema in mehr als einer Session diskutiert wird.
- Wenn sich keine Teilnehmenden für deine Session entscheiden, kannst du an einer anderen Session teilnehmen oder die Zeit zur individuellen Reflexion über dein Thema nutzen – es ist nicht ausgeschlossen, dass deine Ansätze später zu Top-Prioritäten werden.
- Es ist okay, wenn Teilnehmende während einer laufenden Session gehen oder aber dazukommen – sie folgen nur dem „Gesetz der zwei Füße".

{ Teilnehmende und Sessiongeber folgen nur ihren eigenen Interessen und Wünschen. Sie sind folglich für das eigene Lernen und Wohlbefinden selbst verantwortlich. }

Die vier Prinzipien von OpenSpace – und das eine Gesetz

Die vier Prinzipien von OpenSpace:

Wer auch immer da ist – es sind die Richtigen.

Wann immer es beginnt – es ist der richtige Moment.

Wenn's zu Ende ist – ist es zu Ende.

Was immer auch passiert – es ist das Einzige, das passieren kann.

(Plus eins) Wo auch immer es passiert – es ist der richtige Ort.

Das eine Gesetz („Gesetz der zwei Füße"):

Wenn du dich während unserer Zeit zusammen in einer Situation wieder findest, in der du weder etwas lernst noch etwas beiträgst, **nutz' deine zwei Füße und geh woandershin,** wo es ergiebiger ist.

Teil 3

OpenSpace Beta: Rollen & Kernideen

(Fundamente)

OpenSpace Beta: Zusammengefasst

OpenSpace Beta ist eine robuste, pragmatische und wiederholbare Sozialtechnologie für schnelle und dauerhaft wirkende Beta-Transformation. OpenSpace Beta funktioniert unter den realen Voraussetzungen dessen, was du und deine Organisation gerade tun, und kann jederzeit eingesetzt werden.

OpenSpace Beta vereint die Kraft von ernsthafter Einladung, OpenSpace, Spielmechaniken, Ritualen des Übergangs, Storytelling, Beta-Prinzipien und mehr, sodass sich eure Beta-Transformation tatsächlich in der Organisation verankern lässt. OpenSpace Beta stützt sich vor allem auf menschliches Engagement, und erst in zweiter Linie auf Praktiken oder Werkzeuge. Ergänzende und zu Beta kompatible Werkzeuge und Ansätze, wie z.B. Agile, Scrum oder Lean, können in Verbindung ihren Einsatz finden.

Denke immer daran: **Schnelle, effektive und dauerhafte Beta-Transformation wird vor allem durch menschliches Engagement ermöglicht – nicht durch Frameworks, Tools, Berater oder Coaches!**

- Du kannst heute damit beginnen, OpenSpace Beta zu nutzen, um euer bestehendes Organisationsmodell zu verbessern oder um Beta-Transformation gleich beim ersten Mal richtig anzugehen.
- Steckt deine Beta- oder Agile Transformation in Schwierigkeiten? OpenSpace Beta kann helfen.
- In deiner Organisation wird gerade begonnen, über Beta nachzudenken? OpenSpace Beta ist der leistungsfähigste und beste Weg, die Aneignung von Beta zu beginnen.
- OpenSpace Beta ist zwar nicht simpel – aber auch unkompliziert!
- OpenSpace Beta beginnt und endet in OpenSpace. Es ermöglicht und beflügelt menschliches Engagement.

OpenSpace Beta beginnt und endet mit OpenSpace Meetings von jeweils mindestens einem Tag. Dazwischen „wird Beta auf Beta-Art verwirklicht", und zwar dadurch, dass im Einklang mit dem Beta-Kodex am System gearbeitet und interveniert wird. Diese Vorgehensweise ist iterativ und basiert auf Selbstorganisation, genau wie Beta. Es gibt einen klaren Anfang, eine Mitte und ein Ende für jedes Kapitel der Transformation.

Schlüsselelemente von OpenSpace Beta

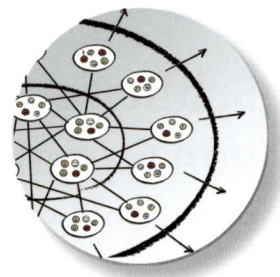

60 Tage: Vorlauf (Bühne schaffen!) – Teil 4 dieses Buchs

- **Einschätzen des derzeitigen Zustands der Organisation, und Beginn des kuratierten Diskurses über Beta in der Organisation** – durch Diskursveranstaltungen, Bereitstellung von Lernressourcen und -medien.
- **Der Zeremonienmeister unterstützt den Sponsor** und begleitet ihn dabei, in dieser Phase für organisationale Vorbereitung und Artikulation zu sorgen.
- **Sicherstellen, dass sich der Sponsor verpflichtet, unverzüglich auf der Grundlage der OS 1-Protokolle zu handeln** – und diese Selbstverpflichtung auch innerhalb der Organisation auszusprechen.
- **Sicherstellen, dass der Sponsor und andere Formell autorisierte Manager Narrative entwickeln und teilen,** die Beta-Transformation positiv unterstützen können.
- **Der Sponsor lädt alle Mitglieder der Organisation zur Teilnahme ein.**
- **Vorbereiten der Formell autorisierten Manager auf OpenSpace Beta.** Sie kennen Beta und den Realisierungszeitraum von 90 Tagen und werden ebenso wie alle anderen Organisationsmitglieder durch OS 1 ermächtigt, das Organisationsmodell zu flippen. Die Absicht ist, alle Akteure zu autorisieren und ihnen den Raum zu geben, sich bei der Arbeit an der Organisation im Sinne der Beta-Gesetze oder -Prinzipien zu engagieren.

OpenSpace 1: Beginnen (Vorbereiten!) – Teil 5 dieses Buchs

- **Die erste Veranstaltung – OpenSpace Meeting 1 oder OS 1 genannt – ist ein OpenSpace-Beitrittsmeeting für alle Organisationsmitglieder.** Die Teilnahme ist zu 100% freiwillig. Jede und jeder aus allen Hierarchiestufen in der Organisation, um die es geht, ist zur Teilnahme eingeladen. So wird bei OS 1 eine große Vielfalt von Problemsichten und Ideen präsent sein.
- **Spätestens im Abschlusskreis am Ende von OS 1 erfährt jede und jeder, dass in etwa 90 Tagen ein weiteres OpenSpace Meeting, OS 2, stattfinden wird.** Alle erfahren, dass der Sponsor mit einer Gruppe von Freiwilligen die Ergebnisse sichten und entsprechende Handlungen zur Realisierung der Ergebnisse aus den Protokollen einleiten wird.

Schlüsselelemente von OpenSpace Beta (fortgesetzt)

90 Tage: Üben – Flippen – Lernen (Tun!) – Teil 6 dieses Buchs

- **Teams werden dazu eingeladen, ihre Bedenken bewusst beiseite zu legen** und ggf. mangelnde Vorstellungskraft bewusst zu überwinden, indem sie „So zu tun, als ob" Beta-Prinzipien und -Praktiken funktionieren. Für Disziplin sorgen die Beta-Prinzipien selbst!
- **Systematisches, absichtsvolles, Zeitlich kontrolliertes Flippen von Alpha zu Beta.** Interventionen am System werden durchgeführt. Dies schließt gezielte Organisationshygiene ein: Praktiken und Methoden, die mit den Beta-Prinzipien (siehe Seite 111) in Konflikt stehen, werden entfernt.
- **Einführung und Nutzung von „Lernbeschleunigern" im Unternehmen.** Kuratierte Lernformate für alle dienen dazu, dass Beta-Praktiken kennen gelernt und so eingesetzt werden können, dass sie zur Organisation und zum Kontext passen.
- **Teams verstehen, wie weitreichend ihre Autorität ist.** Auf dieser Basis verpflichten sie sich dazu, sich die Prinzipien des Beta-Kodex anzueignen.
- **Üben neuer Praktiken** innerhalb der Grenzen der Beta-Kodex-Prinzipien.
- **Absichtsvolles Storytelling durch die Formell autorisierten Manager, Beeinflusser und Reputationsträger** – zur Unterstützung der Beta-Transformation.
- **Die Teams üben mit Methoden, die den zwölf Gesetzen oder Prinzipien des Beta-Kodex entsprechen.** Dies ist die einzige feste Einschränkung. Es gibt keine anderen. Wenn eine Methode oder Übung offensichtlich gegen den Geist des Beta-Kodex verstößt, liegt dies außerhalb des Gestaltungsraums. Wenn ein Werkzeug oder eine Praxis nicht mit dem Beta-Kodex übereinstimmt, ist diese nicht für das Üben in dieser Zeit geeignet.
- **Abgesehen von den Einschränkungen des Beta-Kodex und den „90 Tagen" gibt es keine Vorgaben dafür, welche Praktiken von Teams gewählt werden sollen oder müssen.** Teams finden Praktiken selbst, die innerhalb der Grenzen des Beta-Kodex funktionieren.
- **Im Idealfall eignen sich alle Teams typische Beta-Praktiken an.** Dazu können kurze, tägliche Meetings gehören; einige werden, wo angemessen in iterativen Sprints arbeiten und periodische Retrospektiven anwenden.

OpenSpace 2: Beenden (Prüfen!) – Teil 7 dieses Buchs

- **Nach den 90 Tagen der Periode des Übens und Lernens findet ein weiteres OpenSpace Meeting (OS 2) statt.** Dieses (wiederum 100%ig freiwillige) Meeting ist für sich genommen ebenfalls ein Ritual des Übergangs: Ein Rückblick und ein Blick nach vorn! Ein großes Lern- und Übungskapitel wird abgeschlossen – ein neues kann eröffnet werden.
- **Mit OS 2 einigen sich die Teilnehmende und Teams, was gut funktioniert und wie sie arbeiten wollen.** Sie werden sich zudem bewusster darüber, was sich noch ändern muss.
- **Es kommt zu noch intensiverer Selbstorganisation.** Die Organisation beginnt, sich von Weisungs-und-Kontroll-Mittelmäßigkeit zu entfernen und sich durch fortlaufende Verbesserung hin zu selbstorganisierter Exzellenz zu bewegen. Das Ergebnis ist die deutlichere Wahrnehmung von relevantem Fortschritt innerhalb der Organisation.
- **OS 2 schließt ein Lernkapitel ab, möglicherweise öffnet sich ein anderes.** Dieser Zyklus kann sich periodisch wiederholen, so weit sich die Organisation weiter verbessern und transformieren will. Nach Abschluss des ersten OpenSpace Beta-Kapitels denken die Mitglieder der Organisation unabhängiger und werden stärker als bisher das eigene Lernen reflektieren und dafür selbst verantwortlich sein.

30 Tage: Resonanzzeit (Reifen!) & mögliche Vorbereitung des nächsten Kapitels – Teil 8 dieses Buchs

Während dieser „Resonanzzeit" oder „Nachklangzeit" verlassen die Coaches und der Zeremonienmeister die Organisation, das Gelernte wird verdaut und vertieft, die Teams finden Raum, sich auf höhere Leistungsniveaus zu begeben.

Nach Abschluss eines OpenSpace Beta-Kapitels können halbjährliche OpenSpace Meetings oder „Wissenskonferenzen" permanentes Lernen und Weiterentwicklung der Organisation flankieren. Diese Veranstaltungen, die beispielsweise im Januar und im September stattfinden, können von wesentlicher Bedeutung für die gemeinsame Arbeit am System sein. Und sogar zu einem wesentlichen, sozio-kulturellen Systemelement der Organisation werden – zu einem regelmäßigen Ritual.

Schlüsselelemente von OpenSpace Beta (fortgesetzt)

Zusammenfassung

- **OpenSpace Beta fördert Selbstorganisation, die Dezentralisierung von Entscheidungsfindung und Teamautonomie.**
- **OpenSpace Beta ist relativ unkompliziert, aber nicht einfach!** Es schafft Raum für komplexe Dynamik und Entwicklung. Jeder Zyklus beginnt und endet im OpenSpace. Dazwischen wird Lernen generiert, um den nächsten Entwicklungszyklus zu ermöglichen.
- **OpenSpace Beta „skaliert".** Die Skalierung wird von der Organisation selbst durch Einbeziehung der vorhandenen Akteure zustande gebracht. Die Mitarbeitenden engagieren sich und tun, was getan werden muss.
- **Die Abhängigkeit von externen Beratern** (die normalerweise wenig oder keinen wirklichen Anteil an der Zukunft der Organisation haben) **wird stark reduziert.**
- **OpenSpace Beta ermöglicht und fordert ein potenziell hohes Maß an Engagement in der gesamten Organisation.** Dieses Engagement ist wesentlich für den Erfolg Ihrer Beta-Transformation.

OpenSpace Beta wurde entwickelt zur:

- Schaffung von Organisationen, die sich den komplexen Herausforderungen der Märkte stellen, und gleichzeitig menschliches Potenzial entfalten und nutzbar machen können.
- Ermöglichung äußerst schneller, effektiver, tief greifender und dauerhaft wirksamer Beta-Transformation.
- Ermutigung gesamter Organisationen, in einen Zustand des sich selbst erhaltenden, fest verankerten Beta zu gelangen.
- Reduzierung des Einsatzes von Beratern und Coaches - damit die Selbstwirksamkeit der Organisation in den Vordergrund gestellt wird.

{ Konsequente Eigenverantwortung, Selbstorganisation und -kontrolle können geübt werden. Sie müssen aber während eines OpenSpace Beta-Kapitels auch geübt werden – damit die Organisation ihr Beta-Organisationsmodell dauerhaft aufrecht erhalten kann! }

OpenSpace Beta-Rollen

OpenSpace Beta ist eine gut verständliche, robuste Vorgehensweise, um Beta-Transformation zu ermöglichen und zu verwirklichen. OpenSpace Beta verfügt dabei über sechs Rollen. Diese Rollen eröffnen für unterschiedliche Akteure unterschiedliche Handlungsrahmen und geben Hinweise darauf, wer wozu berechtigt ist.

In Kombination eröffnen diese Rollen den Raum für maximale Selbstorganisation. In OpenSpace Beta gibt es keinen Zwang!

- **Formell autorisierte Manager** erhalten ihre Autorität explizit von der Organisation. Sie können formelle Befugnisse an andere Personen, die ihnen direkt oder indirekt unterstellt sind, vergeben. Eine oder einer von ihnen ist der **Sponsor** des OpenSpace Beta-Kapitels.

- **Beeinflusser & Reputationsträger** erhalten ihre Autorität informell von Gruppen oder von Teams zugeschrieben, die Miteinander-Füreinander arbeiten/leisten. Beeinflusser und Reputationsträger erweisen sich als machtvoll, wenn Mitglieder der Gruppe sie mögen oder schätzen, und sie einladen, die Verantwortung für etwas zu übernehmen, das ihnen wichtig ist, und wenn sie diese Verantwortung annehmen.

- **Teams** bestehen aus Konstellationen von Akteuren, die „Miteinander-Füreinander leisten" und gemeinsam Beta-Muster üben.

- **Der Zeremonienmeister** ermöglicht Rückversicherung und Klärung in Bezug auf das Ritual des Übergangs selbst, also dazu „Wo wir gerade in OpenSpace Beta stehen". Er weist darauf hin, was es zu beachten gilt, damit das Ritual des Übergangs robust bleibt. Die Trägerin oder der Träger dieser Rolle hat innerhalb der Organisation keine weiteren Befugnisse.

- **Coaches** unterstützen Akteure oder Teams bei der Bearbeitung von Themen – ausschließlich auf konkrete Anforderung hin. Sie stehen, sofern sie angefordert werden, zur Verfügung, um Anleitung zu geben oder um temporär spezifische Expertise einzubringen. Sie sind nicht berechtigt, sich aufzudrängen oder Unterstützung zu erzwingen.

- **Stakeholder** in OpenSpace Beta sind vorrangig externe Akteure, die von der Beta-Transformation betroffen werden. Auch sie profitieren von der zusätzlichen Wertschöpfung, die durch die Transformation möglich wird.

Die Formell Autorisierten Manager

Organigramme, Jobtitel und Stellenbeschreibungen definieren formell die Positionen, die formelle Autorität und die Verantwortlichkeiten aller Akteure in einer Organisation. Formell autorisierte Manager sind durch ihre Positionen innerhalb Formeller Struktur autorisiert, Compliance-relevante Entscheidungen zu treffen: Sie sind juristisch legitimiert, Entscheidungen bezüglich Verträgen, Personen, formeller Regelwerke und finanzieller Ressourcen zu treffen.

Für OpenSpace Beta ist mindestens ein Formell autorisierter Manager unverzichtbar: Dies ist der Sponsor – dieselbe Person, die auch die Sponsor-Rolle für OS 1 innehat. Der Sponsor muss über beträchtliche Befugnisse (formelle Autorität) innerhalb der Organisation verfügen: Diese Person muss in der Lage sein, sicherzustellen, dass die Teilnahmen beim ersten und beim zweiten OpenSpace Meetings in OpenSpace Beta eindeutig „optional" sind – d.h. ohne formelle Konsequenzen bei Nicht-Annahme der Einladung. Der Sponsor muss sehr deutlich signalisieren, dass OpenSpace Beta auf Einladung und persönlicher Beitrittsentscheidung beruht.

Andere „hochrangige" Manager mit formeller Autorität spielen in OpenSpace Beta ebenfalls eine wichtige Rolle. **Ihr konkretes Engagement ist regelmäßig nötig, um Vereinbarungen aus den Protokollen von OS 1 und OS 2 zu verwirklichen.** Wenn der Sponsor und weitere Formell autorisierte Manager das Engagement in OpenSpace explizit fördern, entfalten Beeinflusser (Träger informeller Macht) und Reputationsträger (Träger von Könnermacht) zunehmend Verantwortung und das Tempo der Beta-Transformation wird gesteigert. Der Sponsor garantiert darüber hinaus, dass Üben, Flippen und Lernen zwischen den beiden OpenSpace Meetings im Rahmen der Beta-Prinzipien möglich ist.

Für die Dynamik in den 90 Tagen ist wichtig: **Mitarbeitende beobachten das Verhalten von (Top-)Managern mit formellen Befugnissen sehr genau.** Indem diese ihr Verhalten zügig in Einklang mit der Absicht des Unternehmens bringen, durch Beta-Organisation zu höherer Leistung zu gelangen, tragen Formell autorisierte Manager dazu bei, die Veränderungsarbeit zu beschleunigen.

{ Der Sponsor ist zusammen mit den anderen Formell autorisierten Managern für das OpenSpace Beta-Kapitel verantwortlich. Immer. }

Die Beeinflusser
& Reputationsträger

Die Macht Formell autorisierter Manager, gemeinhin als Hierarchie bekannt, ist offensichtlich. Jeder ist sich dieser Macht bewusst. In jeder Organisation treten aber noch zwei weitere, weit weniger offensichtliche Formen von Macht auf: Diese werden Einfluss und Reputation genannt.

- Die eine basiert auf den sozialen Beziehungen und Interaktionen zwischen den Akteuren in der Organisation. **Diese Macht nennen wir Einfluss. Es ist die Macht der sozial Vernetzten, die aus Informeller Struktur heraus erwächst.**

- Die andere basiert auf Könnerschaft oder Meisterschaft, das heißt auf der Fähigkeit von Akteuren, komplexe, neue Probleme der Wertschöpfung zu lösen. **Diese Macht nennen wir Reputation. Es ist die Macht der Könner, die aus der Wertschöpfungsstruktur heraus erwächst.**

Informelle Autorität oder Einfluss wird zugewiesen, projiziert, gefordert, abgelehnt und bewusst und unbewusst zurückgezogen, wenn Menschen in Beziehung miteinander treten. Wenn Menschen „Attraktion" verspüren, nehmen sie die Gelegenheit wahr, zum Beeinflusser zu werden oder sich beeinflussen zu lassen.

Die Macht von Menschen mit Könnerschaft oder Meisterschaft wird zugewiesen, projiziert, gefordert, abgelehnt und bewusst und unbewusst zurückgezogen, wenn Menschen zusammenarbeiten. Wenn es sich als notwendig erweist, nehmen die Menschen die Gelegenheit wahr, Reputationsträger zu werden, Reputationsträger zu unterstützen oder sich ihnen anzuschließen.

Kurzum: Beeinflusser und Reputationsträger sind das Herz und die Seele von OpenSpace Beta.

Reputationsmacht hilft dabei, die besten Ideen direkt aus den realen Kontexten, in denen gearbeitet wird, zu extrahieren. Reputationsträger, oder Menschen mit Reputation, sind solche, deren Ideen aus ihrer Könnerschaft und aus ihrem Interesse für Wertschöpfung heraus entstehen.

Unter Umständen sind einzelne solcher Könner und deren Könnerschaften noch nie zuvor wahrgenommen worden. Positive Zuschreibung von Reputation gibt es allerdings in jede Organisationen – Reputationsträger sind implizit bekannt. Das Wissen über Reputation ist ein „offenes Geheimnis" in jeder

Die Beeinflusser & die Reputationsträger (fortgesetzt)

Art von Organisation, da es von hoher Bedeutung für die Stabilität von Wertschöpfung und Leistungsfähigkeit ist – insbesondere in Krisenzeiten. In Unternehmen besteht zumeist hohe Einigkeit darüber, welche Akteure die Wertschöpfung der Organisation in schwierigen oder kritischen Situationen sichern können. Beta-Organisationen stellen dieses Wissen in den Vordergrund. Sie machen es zu einer bewusst genutzten Ressource.

Beeinflusser sind für OpenSpace Beta Garant und „Schmiermittel" dafür, dass positive Kommunikation in der Organisation fließen kann. Dafür, dass positive Narrative entstehen können und weiter getragen werden.

OpenSpace und OpenSpace Beta verwenden Spielmechaniken, die für Beeinflusser und Reputationsträger attraktive und sichere Verhältnisse schaffen, in denen sie neue, attraktive Rollen entdecken können und diese zu üben vermögen. Bei jedem der beiden OpenSpace Meetings sowie innerhalb der 90 Tage von Üben – Flippen – Lernen kann jede und jeder in der Organisation neues Verhalten innerhalb emergenter Kommunikations- und Führungsmuster üben und lernen.

Daraus ergibt sich Raum, in dem neue Ideen, neue Erfahrungen und konstruktive Handlungsweisen in der Organisation als Ganzes ermöglicht werden und sich zunehmend Raum greifen können.

{ Beeinflusser & Reputationsträger halten Macht – Beziehungsmacht und die Macht der Könnerschaft. Ignoriere diese Kräfte auf eigene Gefahr! }

Die Teams

Getreu dem Prinzip der Dezentralisierung sind Teams in der Peripherie einer Organisation der Dreh- und Angelpunkt jeder Beta-Transformation. Teams im Zentrum sind wichtig – sie dürfen aber über keinerlei Steuerungsmacht verfügen, sondern müssen wertschöpfend der Peripherie dienen.

Das Team ist die kleinste Leistungseinheit einer Organisation. Teams Gewicht zu verleihen, damit diese ihre Leistungsfähigkeit im Miteinander-Füreinander entfesseln können, das ist die wichtigste Funktion der 90 Tage „Üben-Flippen-Lernen". In OpenSpace Beta haben Teams während der 90 Tage Gelegenheit, Beta-Muster zu üben, indem sie ihr Arbeitsweisen in Richtung kontinuierlicher Verbesserung verändern.

Während der 90 Tage müssen sich funktional integrierte Teamstrukturen jedoch regelmäßig erst einmal bilden, damit innerhalb dieser neuen Teamkonstellationen gemeinsam an relevanten Businessproblemen oder an Themen aus den Protokollen von OS 1 gearbeitet werden kann. Es gilt also, ein Zellstrukturdesign hervorzubringen, um Wertschöpfungsstruktur zu stärken. Teams in einer Zellstruktur bestehen aus vier bis maximal 10 Teammitgliedern. Durch überschaubare Teamgröße wird gesichert, dass unmittelbare, direkte Kommunikation und Zusammenarbeit zwischen allen Mitgliedern eines Teams stattfinden kann. Daher ist eine Teamgröße von 5 bis 8 Mitgliedern zu empfehlen.

Wie aber kann abgestimmtes Agieren zwischen Teams ohne zentrale Koordination stattfinden, wenn es Dutzende, Hunderte, gar Tausende von Teams in einer Zellstruktur gibt? Zwei Aspekte sind wesentlich: **Erstens müssen Teams ihren jeweiligen Auftrag kennen. Zweitens muss Transparenz über Teamleistung und über Leistungszusammenhänge zwischen Teams herrschen.** Transparenz des Zahlenwerks liefert in Kombination mit marktlicher Interaktion eine „Wahrnehmungsoberfläche", mittels derer Teams lernen, Zusammenhänge zu sehen und eigene Leistung einzuordnen. So schlägt Transparenz zentrale Steuerung: Sie liefert höhere Sicherheit! Anders gesagt: Transparenz ist die neue Kontrolle.

> { In den Teams der Zellstruktur wird während der 90 Tage der Löwenanteil der eigentlichen Veränderungsarbeit erledigt. Hier finden Denken, Generieren & Verwerfen von Ideen statt. Und natürlich die Wertschöpfung. }

Der Zeremonienmeister

Neben dem Sponsor ist der Zeremonienmeister eine sehr wesentliche Rolle für OpenSpace Beta. Diese Rolle wird zumeist von einer externen Person ausgefüllt – und zwar von genau einer einzigen Person!

Der Zeremonienmeister muss über generalistisches Können und Erfahrung in der Arbeit mit und an Organisationen verfügen. Es muss sich nicht um einen klassischen Organisationsberater handeln – der Zeremonienmeister braucht aber Erfahrung und Könnerschaft in der Arbeit mit ganzen Unternehmen: **Sie bzw. er braucht fachliches Können im Hinblick auf unternehmerisches Arbeiten ebenso wie die Fähigkeit, mit sozialen Prozessen konstruktiv umzugehen.** Dies ist insofern eine Rolle für Menschen mit einer Reihe von Jahren Berufserfahrung – keine für Berufsanfänger oder „Youngsters".

Der Zeremonienmeister muss eng mit dem Sponsor zusammen arbeiten – von daher brauchen beide einen persönlichen Zugang zueinander. Sie müssen sich „verstehen" und gegenseitiges Zutrauen haben. Der Sponsor beauftragt den Zeremonienmeister: Er muss die Auswahlentscheidung für ihren/seinen Zeremonienmeister persönlich treffen. Die Beauftragung des/der Zeremonienmeisterin kann nicht von einem Gremium getroffen werden.

Der Zeremonienmeister sichert die gesamte „Zeremonie" der rund 180 Tage von OpenSpace Beta. Kennt Inhalte und Struktur und Bedeutung aller Elemente von OpenSpace Beta. Es ist dennoch eine Person, die während des gesamten OpenSpace Beta-Übergangsrituals keine große Bühne bekommt. Sie braucht diese auch nicht, um im Sinne des Gelingens der Beta-Transformation wirken zu können. Es handelt sich hier um eine hoch-souveräne Rolle. Der Zeremonienmeister braucht umfassenden Zugang zu Informationen, um bereits früh Entwicklungen und Dynamiken antizipieren zu können.

In kritischen Situationen schützt der Zeremonienmeister den Sponsor und die Organisation durch umsichtige Interventionen, die sie häufig nicht selbst ausführt, sondern für den Sponsor oder andere wichtige Akteure vorbereitet und eher im Hintergrund bleibend begleitet. **Der Zeremonienmeister ist nicht „verantwortlich", ist weder Vollstrecker noch Befähiger.**

{ Der Zeremonienmeister verhält sich mit Umsicht, Weisheit und Meisterschaft. Sie oder er muss als weiser Begleiter und als Ermutiger wahrgenommen werden – ähnlich wie Gandalf in einem Tolkien-Roman. }

Die Coaches

Die Rolle der Coaches in OpenSpace Beta kann sehr vielschichtig sein. Grundsätzlich besteht die Coaching-Rolle darin, Personen, Teams und die Organisation als Ganzes beim Erlernen und Anwenden der Beta-Prinzipien zu unterstützen, fachliche Expertise einzubringen und diese nutzbar zu machen.

Ähnlich wie sich in der Psychotherapie sogenannte „Kurzzeit-Therapien" bewährt und etabliert haben, so könnte man bei der Rolle der Coaches in OpenSpace Beta von „Kurzzeit-Begleitung" sprechen. **Coaches muss ihre besondere, zeitlich begrenzte Rolle stets bewusst sein, die temporäre Begrenzung der Rolle der Externen muss von allen Akteuren akzeptiert werden.**

Dazu gehört, dass die Coaches in die Lage versetzt werden, ihre Arbeit in den Gesamtzusammenhang der Beta-Transformation einzuordnen. Heutige Berater, Trainer oder Coaches sind meist nicht geübt darin, ihre Dienstleistungen innerhalb einer Time-box auszuüben. Der Charakter der Begleitung verbietet es zudem strikt, dass der gleiche Coach beim gleichen Kunden während des Zeitraum eines OpenSpace Beta-Kapitels weitergehende Beauftragungen anbietet oder annimmt.

Grundsätzlich müssen Coaches das Konzept von OpenSpace Beta kennen und verstanden haben. Idealerweise haben auch die Coaches eine entsprechende Qualifizierung durchlaufen. In jedem Fall aber brauchen sie eine Einführung in die Transformationsarbeit mit OpenSpace Beta. Im konkreten Kapitel sollte diese Einführung durch den Zeremonienmeister erfolgen. Anders ausgedrückt: Kein Coach darf im Rahmen eines OpenSpace Beta-Kapitels seine Arbeit aufnehmen, ohne dass der Zeremonienmeister den Coach zuvor gebrieft hat.

Die Anforderungen an die Expertise der jeweiligen Coaches können je nach Thema und Bedarf unterschiedlich sein. **Insofern ist „der Coach" im Zusammenhang mit OpenSpace Beta eine Art Dachbegriff für die unterschiedlichsten Unterstützungsleistungen.** Das Spektrum kann entsprechend breit sein:

- Einbringen von fachlicher Expertise, die in der Organisation bisher nicht vorgehalten wurde, oder die zuvor nicht gebraucht wurde.
- Wissensvermittlung zu Fachthemen, die neu benötigt werden.
- Anleitung zu spezifischen Praktiken des „Übens– Flippen – Lernens".
- Begleitung einzelner Teams (Zellen) bei der Selbstorganisation ihrer Arbeit.
- Coaching einzelner Machtträger in Aktion.

Die Coaches (fortgesetzt)

Bedingungen für den wirksamen Einsatz der Coaches

Die Coaches sollen nah am und unmittelbar mit dem Kunden arbeiten. Das bedeutet jedoch keinesfalls, dass Coaches permanent vor Ort sein sollten! Hier unterscheidet sich das Verständnis von Einsatz, Intensität und Präsenz der Coaching-Rolle in OpenSpace Beta deutlich von „üblichen" Begleitungsansätzen, wie wir sie seit einigen Jahren aus dem „Agile Coaching" kennen – um nur ein Beispiel zu nennen. **Es geht vielmehr darum, dass die Anwesenheit von Coaches als etwas Besonderes erlebt wird: Etwas, das nicht selbstverständlich ist und dem damit besondere Aufmerksamkeit zukommen soll.** Durch ausschließlich punktuelle Anwesenheit des Coaches wird Organisationsmitgliedern durchgängig signalisiert, dass Coaches „nicht Teil des Systems sind" – und dass dies auch so bleiben wird. **Diese Systemunabhängigkeit ist Voraussetzung für eine hohe Wirksamkeit jedes externen Unterstützers.**

Coaches werden in OpenSpace Beta genau dann eingesetzt, wenn sie gebraucht werden. Zu Beginn der Transformationsarbeit steht keine „Armee von Coaches" bereit, die dann während der 90 Tage in einen „Dauerbetreuungsmodus" schaltet. Das ultimative Mandat der Coaches besteht, wie zuvor angedeutet, darin, Gruppen oder Teams dabei zu unterstützen, mehr und mehr Verantwortung für sich selbst zu übernehmen – anstatt sie von Coaches abhängig zu machen!

Coaches werden im OpenSpace Beta-Kapitel nicht zentral zugeordnet: Sie müssen dezentral angefordert werden. Buchung von Coaches kann durch unterschiedlichen Akteure der Organisation erfolgen: Das beginnt beim Sponsor, der vielleicht Bescheid weiß, an welchen Stellen der Organisation Unterstützung nötig ist; es reicht über andere Formell autorisierte Manager bis hin zu Reputationsträgern und Teams, die ihre Arbeit neu gestalten und neu ausrichten wollen. **Der Sponsor steht dafür ein, dass notwendiger und sinnvoller Einsatz von Coaches stets möglich ist und auch bezahlt wird.** Diese wichtige Rahmenbedingung muss durch den Sponsor immer wieder deutlich angesprochen werden.

Den Einsatz der Coaches vorbereiten

Wie also kann der Einsatz des Coaches organisiert und realisiert werden – ganz praktisch? Es braucht ein differenziertes Vorgehen, das von Thema und Aufgabe abhängig ist. Bereits bei der Festlegung des Themas des OpenSpace

Beta-Kapitels wird teilweise offensichtlich werden, welches Können in der Organisation zu Bearbeitung des Themas vorhanden ist, und an welchen anderen Stellen Lücken vermutet werden dürfen. So wird beispielsweise eine Organisation, die sich in der Beta-Transformation eine Zellstruktur geben will, wenig Erfahrung und Können dahingehend besitzen, wie eine solche Struktur erarbeitet werden kann. Dann empfiehlt es sich, einen Experten zu verpflichten, der innerhalb weniger Workshops die Organisation befähigen kann, sich diese Struktur zu erarbeiten. Solche Bedarfe sind bereits im Vorfeld erkennbar.

Anders sieht es zum Beispiel bei der Begleitung von Teams aus. Dass diese erforderlich sind wird meist erst in der konkreten Arbeit der Teams während der 90 Tage erkennbar – entsprechend kurzfristig muss die Unterstützung bereit gestellt werden. **Derartig kurzfristigen Bedarfen lässt nur entsprechen, wenn die Einsätze der Coaches als Kurzzeiteinsätze organisiert werden.** Zeitlich aufwendigere Begleitungen müssen bereits im Vorfeld geklärt und beauftragt werden, um die notwendigen Kapazitäten seitens des Coaches zu sichern. Bei Kurzzeiteinsätzen ist die Verfügbarkeit deutlich einfacher herzustellen.

Die Wirkung der Coaching-Arbeit hängt nicht nur von der Expertise und dem Können des Coaches ab, sondern auch mit der Passung zum Gegenüber. Diese Passung muss bei jeder einzelnen Anforderung geklärt werden. Dem Zeremonienmeister fällt dabei eine wichtige beratende, sichernde und begleitende Aufgabe zu. Durch die Unterschiedlichkeit der Anforderungen und die Notwendigkeit der Passung mit dem Kundensystem sind Auswahl und Einsatz spezifischer Coaches stets an spezifische Personen und Kontexte gebunden.

> { Die Rolle der Coaches in OpenSpace Beta ist nicht, Teams und Managern „Hilfestellung zu geben". Sie arbeiten mit denjenigen eng zusammen, die Neugier und starkes Interesse am Erlernen von Beta-Prinzipien & -Praktiken signalisieren. }

Die Anspruchsgruppen

Stakeholder ist jede und jeder innerhalb oder außerhalb der Organisation, die oder der von der Einführung der Beta-Prinzipien und -Praktiken betroffen ist. Dabei ist zu beachten, dass Beta-Prinzipien und die dazugehörigen Praktiken für alle Teile einer Organisation Relevanz aufweisen und sich in der Folge auch auf die Organisationskultur auswirken werden. Jedes Mitglied der Organisation ist von OpenSpace Beta-Arbeit betroffen und somit Teil einer relevanten internen Anspruchsgruppe („interner Stakeholder"). Es ist wesentlich, jedes Mitglied der Organisation zu den OS 1 und OS 2 Meetings einzuladen. Die Organisation kann Beta-Transformationen nicht erzwingen. Was sie aber tun kann, ist beste Voraussetzungen für Engagement und Beteiligung zu schaffen.

Die Einbeziehung interner Anspruchsgruppen wie Betriebs- oder Personalräten sowie Mitarbeitervertretungen erfolgt durch das Prinzip der Einladung automatisch und im positivsten Sinne „beiläufig". Sollten im Verlauf der Beta-Transformation neue Absprachen zwischen Organisation und Betriebsrat notwendig sein, so können diese unmittelbar und zügig erarbeitet werden, da Betriebsratsmitglieder durch Einbeziehung und Transparenz der Transformation ohnehin in die Gestaltungsarbeit involviert sein können, dürfen und sollen.

Umgang mit und Einbeziehung von externen Anspruchsgruppen wie Eigentümern, Kunden, Lieferanten hängt von der konkreten Themenstellung des OpenSpace Beta-Kapitels ab. Externe Stakeholder können wertvolle und konstruktive Hinweise geben, sie können durch die Beta-Transformation aber auch irritiert werden. Ob Kunden oder Lieferanten partiell einzogen werden sollten, das hängt vom konkreten Thema ab: In jedem Fall wird es sich um spezifische ausschließlich fallweise Involvierung innerhalb der 90 Tage des Übens – Flippens – Lernens handeln. Anders sieht es bei Eigentümern, Aufsichtsräten und Beiräten aus: Ihnen sollte unbedingt hohe Aufmerksamkeit zukommen. Abhängig von Größe und Rechtsform, sowie der Struktur der Eigentumsverhältnisse raten wir dazu, Eigentümer und/oder Aufsichtsrat frühzeitig zu informieren – und bei diesen aktiv für gutes Verständnis der Beta-Prinzipien und der Transformationsarbeit mit OpenSpace Beta zu sorgen. Gesellschafter, Aktionäre, Aufsichtsratsmitglieder sind externe Verlängerung der Formellen Struktur und müssen in Transformationsarbeit integriert werden.

> { Echte Einladung ist der beste Weg, um Feedback & Engagement interner Anspruchsgruppen zu bekommen. Zusätzlich ist gezielte Bewusstseinsarbeit mit externen Stakeholdern nötig. }

Teil 4

60 Tage: Vorlauf

(Bühne schaffen!)

Konzepte, Kontext, Aufgaben

Diese erste Phase ist für OpenSpace Beta von entscheidender Bedeutung: Ohne ernsthafte Vorbereitungsarbeit kann später keine erfolgreich Transformation stattfinden. In dieser Phase geht es um die Schaffung von Einsicht und Erkenntnis, um Fokussierung und um Problembewusstsein. Die Fragen nach der Dringlichkeit, also „Warum müssen wir genau das jetzt gemeinsam tun?" muss in dieser Phase beantwortet werden – nicht später! Für all dies sind entsprechend ernsthafte Kommunikationsanstrengungen nötig.

Konzepte
- Sicherstellen, dass der Sponsor und andere Formell autorisierte Manager ein grundlegendes, fundiertes Verständnis von Beta und Selbstorganisation entwickeln.
- Nutzung der Einladung, um das Engagement aller Akteure zu ermöglichen.
- Erwartungen für das OpenSpace Meeting durch Vergemeinschaftung der Einladung kommunikativ „framen".
- Spielmechaniken beachten.

Kontext
- Der Sponsor und andere Formell autorisierte Führungskräfte sind überzeugt, dass Beta und OpenSpace Beta helfen, kritische Herausforderungen der Organisation zu meistern. Der Sponsor will Beta wirklich, wirklich.
- Beta ist eine andere Art zu denken, wie Arbeit und arbeitsteilige Wertschöpfung funktionieren und organisierbar sind. Manche Akteure haben möglicherweise Vorbehalte gegen diese Art des Denkens.
- Mit OpenSpace Beta dürfen, können und sollen sich Akteure bei der Arbeit am System einbringen, ohne dass sie dazu gezwungen werden.
- Der Sponsor und andere Formell autorisierte Manager müssen für das Praktizieren von Beta eindeutige Unterstützung zeigen und die Organisationsmitglieder unmissverständlich zum Mitmachen autorisieren.

Aufgaben
- Gestaltung des Themas für OS 1.
- Entwurf und Versendung der Einladung zu OS 1.
- Das erste OpenSpace Meeting vorbereiten und organisieren.
- Absichtsvolles Storytelling für Kontextualisierung und Sinnempfindung.

Die Macht der Einladung

OpenSpace Beta beruht auf der Kraft der Einladung.
Die Einladung muss „ernsthaft" sein. Das bedeutet zwei Dinge.

- Erstens: Jede und jeder, die eingeladen wird, muss erwünscht und geschätzt sein.

- Zweitens: Es darf keine negativen Folgen im Fall einer Absage geben.

Die Einladung muss klare Ziele, Grundsätze und für alle nachvollziehbare Gründe für das notwendige, gemeinsame Handeln beinhalten, zu dem eingeladen wird, damit jeder Empfänger eine fundierte Entscheidung darüber treffen kann, ob sie oder er der Einladung folgen will.

Die Aussprache einer glaubwürdigen Einladung, statt der Nutzung von Anordnung oder Weisung bezeugt Respekt gegenüber der anderen Person. Respekt gegenüber den Menschen ist ein Herzstück der Beta-Prinzipien (ebenso wie auch bei Selbstorganisations-Ansätzen wie Lean oder Agile).

Die Aussprache der Einladung transferiert eine relevante Entscheidungsbefugnis zu den Empfängern der Einladung. Es wird, sofern die Einladung glaubwürdig ist und keine negativen Konsequenzen auf eine eventuelle Ablehnung der Einladung zu erwarten sind, attraktiv, an der Bearbeitung des Themas selbstbestimmt mitzuwirken.

{ Im Gegensatz zu üblichen Change-Management-Frameworks ist OpenSpace Beta ein „No-nonsense"-Interventionsansatz: Es basiert nicht auf Lärm und lautem Tamtam, sondern auf der ruhigen, stetigen Kraft sozialer Dichte. }

Beitrittsentscheidung

Von Harrison Owen stammt der Merksatz: „Ohne Leidenschaft ist allen alles egal, ohne Verantwortung geht nichts voran." Jene engagierten und verantwortungsbewussten Menschen, die auf die Einladung zu OS 1 mit einer Zusage reagieren, können und werden bei der ernsthaften Arbeit der Beta-Transformation eine wichtige Rolle spielen.

Eine Einladung auszusprechen belässt Selbstverantwortung bei den Eingeladenen. Es ermächtigt die Akteure, selbst zu entscheiden, ob sie sich der Gruppe derjenigen anschließen möchten, die miteinander an der Organisation arbeiten werden.

Selbstverantwortung, Selbstkontrolle und Zugehörigkeit ermöglichen, sich zu engagieren und engagiert zu bleiben, auch wenn nicht immer alles nach Wunsch verlaufen sollte. **Durch freiwilligen Beitritt sehen sich die Akteure selbst stets in der Verantwortung.** Die Macht der Beitrittsentscheidung, also die Macht darüber, eine authentische Einladung anzunehmen, oder sie abzulehnen, ist in sich selbst ein starker Attraktor.

Die Einladung, verbunden mit Autorisierung zur Arbeit am System bei der Annahme der Einladung, beinhaltet die Möglichkeit, Interesse am Thema, ernsthafte Gestaltungsarbeit und Mitverantwortung auszuleben. Dies erhöht auf natürliche Weise das Engagement für Beta-Transformation in der gesamten Organisation.

Einer der Nebeneffekte von Einladung ist, dass die Menge der tatsächlich stattfindenden Beitrittsentscheidungen den bestmöglichen Indikator dafür liefert, inwieweit die Organisationsmitglieder bereit sind, ihr Engagement in den Dienst der Beta-Transformation zu stellen.

Naturgemäß wird der Sponsor einer der Ersten sein, der sich öffentlich und offen dazu bekennt, selbst Teil der Beta-Transformation zu sein – und gewissermaßen die eigene Einladung für sich persönlich anzunehmen.

{ Auf diejenigen, die sich bewusst für den Beitritt entscheiden, kann wirklich gezählt werden. }

Vorbereitung des Topmanagements

Der Sponsor, die Formell autorisierten Manager bzw. sogenannte „hochrangige Manager" müssen sich in besonderem Maße darauf vorbereiten, was Beta-Transformation für ihre Organisation bedeuten wird.

Formell autorisierte Manager müssen vor, während und nach den OpenSpace-Meetings eines OpenSpace Beta-Kapitels in hohem Maß ihre kommunikativen Wirkmuster überdenken, modifizieren und auch neue Muster entwickeln. **Die gezielte Vorbereitung des Topmanagements in Beta-Transformation ist deshalb nötig, weil Interaktion und Kommunikation üblicherweise zu den Hauptaufgaben von Führungskräften gehören.** Sie sind in höchstem Maße „Kommunikationsdienstleister" in der Organisation.

Zu dieser Vorbereitung gehört:

- Verständnis der Beta-Prinzipien und Auseinandersetzung mit Selbstorganisation und dem Beta-Organisationsmodell,
- tiefes Verständnis des Unterschieds zwischen Anordnung/Weisung/Zwang auf der einen Seite und Einladung/Beitritt auf der anderen Seite,
- Verständnis der Rolle der Formell autorisierten Manager bei OpenSpace Meetings,
- Verständnis der Bedeutung und der Funktionsweise von Narrativen vor, während und nach OpenSpace Meetings („Absichtsvolles Storytelling"),
- Aktivierung von Beeinflussern und Reputationsträgern – also von informellen Netzwerken und von Könnern in der Organisation –, um das Verständnis für die Arbeit in OpenSpace Beta zu verbreiten und für die Beta-Transformation zu werben.

Die Formell autorisierten Manager müssen wissen, dass sie innerhalb der 90 Tage Coaching-Unterstützung anfordern und in Anspruch nehmen können – und dass diese auch verlässlich bereitgestellt wird. Formell autorisierte Manager können in dieser Phase auch von der Begleitung und vom Rat des Zeremonienmeisters profitieren.

{ Führungskräfte müssen ihre besondere Rolle und Verantwortung in OpenSpace Beta verstehen und annehmen. Das an sich ist schon Arbeit. }

Coaching-Rolle beginnt

OpenSpace Beta wurde entwickelt, um Unternehmen dabei zu unterstützen, Beta-Prinzipien anzunehmen und diese in Praxis zu üben – diszipliniert und methodisch unterstützt. Ein wesentliches Element dazu, damit dies gelingen kann, ist die Rolle der Coaches, die folgende Angebote machen können:

- Lehren der Gesetze des Beta-Kodex bzw. der Beta-Prinzipien – und wie man sie anwendet,
- Anleitung zur Nutzung bestimmter Organisationswerkzeuge – z.B. Kompleximeetings, Organisationshygiene, Relative Ziele und Leistungsmessung. Und Bewusstseinsbildung dahingehend unterstützen, wann und warum diese Praktiken für die Organisation, ein bestimmtes Team oder einen bestimmten Kontext nützlich sind.
- Moderationsunterstützung, Mentoring, Einzelcoaching, Workshops und andere Lernangebote,
- Unterstützung dabei, gute, konstruktive Narrative selbst zu entwickeln und selbst zu vergemeinschaften.

Die Coaching-Funktion in OpenSpace Beta beginnt mit der Vorbereitung des Topmanagements auf das erste OpenSpace Meeting. Sie kann während der 90 Tage „Übens – Flippens – Lernens" weiter in Anspruch genommen werden und endet mit dem OS 2. Dann wird die Coaching-Rolle unterbrochen, damit Akteure und Teams Gelegenheit erhalten, volle Selbstverantwortung dafür zu übernehmen, das Gelernte weiter anzuwenden und zu vertiefen.

Nach der Resonanzzeit von 30 Tagen kann wieder eine Coachingbegleitung einsetzen. Entweder mit den gleichen Coaches oder mit anderen Coaches. Je nach Bedarf.

{ Die Unterstützung durch Coaching ist in OpenSpace Beta nur vorübergehend. Es unterstützt mit Impulsen und Know-how zu Betamustern und -methoden, durch Klärung & Begleitung. }

Spielmechaniken

OpenSpace Beta folgt den bereits skizzierten Prinzipien eines „guten Spiels". Zur Wiederholung: „Gute Spiele" verfügen stets über „gute Spielmechaniken". Dazu gehören klare Ziele, klare Spielregeln, gut sichtbare Dokumentation des Fortschritts und freiwillige Teilnahme. Alle Mitspielenden wissen, warum sie dabei sind, wie das Spiel funktioniert und wie gut sie im Spiel sind. Mitspielende kreieren Erfolgsgeschichten und verbreiten Narrative über gemeinsame Erfolge, den erzielten Fortschritt und darüber, wo „wir" noch besser werden müssen. So wie im Sport.

Jedes starke Spiel hat:

Einen Zweck. Klare Spielziele umreißen den Zweck des Spiels. In OpenSpace Beta ist der Zweck signifikante Verbesserung der Leistungsfähigkeit durch die Anwendung von Beta-Mustern. Klare Spielziele beantworten die Fragen nach dem „Warum": „Warum nehmen wir an diesem Treffen teil?", „Warum tun wir das?", „Warum machen wir das so?".

Prinzipien oder „Spielregeln". Explizite Prinzipien informieren die Teilnehmenden darüber, wie sie handeln können und wie sie sich zueinander zur Erreichung des Spielziels verhalten sollen. Die Spielregeln spiegeln den Charakter des Spiels wider (z.B. „im Wettbewerb", „kollaborativ" usw.). Durch allgemein akzeptierte Spielregeln entsteht zwischen den Mitspielern ein Gefühl von Gemeinschaft und Zugehörigkeit.

Rückmeldung. Die Auswertung relevanter Signale und Leistungskennzahlen (z.B. Kundenwertschöpfung, Time-to-Market, Liefertreue, Anzahl der Fehler, Cost/Income) ermöglicht Teams, Fortschritt und Leistung wahrzunehmen. Auch mit aussagekräftigen, konstruktiven Rückmeldungen können Menschen lernend ihr Verhalten anpassen, um das „Spiel" voranzutreiben und eigene Meisterschaft zu erleben und Befriedigung bei der Arbeit zu verspüren. Feedback kommt auch von Peer-Teams innerhalb der Organisation.

Beitrittsentscheidung/Freiwilligkeit der Teilnahme. Menschen wünschen sich grundsätzlich, Kontrolle über ihr Leben zu haben. Wenn sie sich selbst für die Teilnahme entscheiden, erleben sie Selbstbestimmtheit und Zugehörigkeit. Ein Gefühl der Selbstbestimmtheit, Zugehörigkeit sowie konstruktive Rückmeldungen steigern Engagement und ein ausgeprägtes Verständnis von Sinn und Verantwortung. Freiwillige Teilnahme ist unerlässlich.

Spielmechaniken (fortgesetzt)

Wie man ein lebendiges und gutes Spiel konstruiert

Wende Spielmechaniken auf Meetings, Aufgaben, Projekte und Initiativen an, um Engagement, Fortschritt und Selbstverantwortung zu erhöhen. Starke Spiele bringen die besten Ergebnisse. Die folgenden vier Komponenten definieren den Erfolg eines guten Spiels. Wir illustrieren die Komponenten jeweils mit kleinen Beispielen.

Ziele
„Unser Ziele sind XYZ – damit wollen wir ABC erreichen."
„Unser Üben mit XYZ ist abgeschlossen. Nun müssen wir anhand der Ergebnisse vereinbaren, was zu tun ist."

Prinzipien
„Unsere Prinzipien sind..."
„Sei engagiert, konzentriert und voll in die Diskussion eingebunden, solange du dich im Raum befindest. Wenn jemand ‚auschecken' muss, kann sie oder er den Raum verlassen und zurückkehren, sobald sie oder er sich wieder voll einbringen kann."

Fortschrittsmessung
„Wir werden stets unseren Arbeitsfortschritt messen durch ..."
„Wir werden die Protokolle aller OpenSpace-Sessions umgehend veröffentlichen, sodass alle sie sehen und sich Überblick verschaffen können."
„Wir werden jede Stunde eine 10-minütige Pause einlegen und danach ein Resümee der jeweils vorangegangenen Stunde ziehen."

Freiwillige Teilnahme
„Du bist eingeladen, teilzunehmen. Es ist okay, diese Einladung abzulehnen."
„Können wir uns alle auf diese Ziele, Spielregeln und Rückkopplungs-Mechanismen einigen?"

{ Spiel ist ernst. }

Bühne schaffen
(60 Tage)

Es dauert rund 60 Tage, um eine Organisation auf das erste OpenSpace Meeting einzustimmen – und dann 90 Tage, um gemeinsam und aktiv in Resonanz an der Beta-Transformation zu arbeiten.

Die Mitglieder einer Organisation gehen, indem sie in die Beta-Transformation einsteigen, eine wesentliche Verpflichtung untereinander ein. Wahre Verpflichtung zum Erfolg beginnt mit konsequenter Vorbereitung und mit Vergemeinschaftung innerhalb der gesamten Organisation.

- In den ersten zwei Wochen der 60 Tage (rund 14 Tage lang) wird der Schwerpunkt der Arbeit auf der Vorbereitung des Topmanagements, auf der Erarbeitung des Themas sowie auf dem Entwurf und der Versendung der Einladung liegen.

- Die folgenden sechs Wochen (rund 45 Tage) sind für die Sozialisierung der Einladung zu OS 1 unter allen relevanten Akteuren nötig, die die Einladung erhalten haben.

Diese zeitlichen Rahmensetzungen beziehen sich auf eine typische Organisation, in der 200 oder mehr Personen zum ersten OpenSpace Meeting eingeladen werden. OpenSpace Beta-Kapitel für Unternehmen mit weniger als 200 Organisationsmitgliedern und nur einem Standort kommen möglicherweise auch mit etwas weniger Vorlaufzeit aus. Sorgfalt bei der Vorbereitung ist aber kritisch. Aus diesem Grund ist eine für die Vorbereitung „ausreichende" Zeitspanne von rund 60 Tage empfehlenswert.

Wenn die Beta-Transformation gestartet wird, ist von Bedeutung, dass alle Organisationsmitglieder genügend Zeit haben, zu verarbeiten, „was das alles für mich und uns bedeutet". Alle Eingeladenen müssen ausreichend Zeit erhalten, die Einladung zu sichten, abzuwägen, mit Kollegen zu diskutieren, ggf. auch Termin- und Reise-Arrangements zu treffen und für sich zu entscheiden, ob sie überhaupt an OS 1 teilnehmen wollen.

{ Geh stets davon aus, dass es Zeit braucht, um eine Einladung anzunehmen. Die Entscheidung, eine Einladung anzunehmen, sollte nicht immer spontan getroffen werden! }

Themenerarbeitung

Jede OpenSpace Meeting bedarf eines Themas. Das Thema definiert den Rahmen der OpenSpace-Arbeit. Es betont, wie bedeutsam das durch die Einladung des Sponsors erteilte Mandat an die Organisationsmitglieder ist.

Ein gut formuliertes Thema inspiriert die Teilnehmenden dazu, Gedanken, Ideen, Zeit und Energie einzubringen. Es regt die Vorstellungskraft der Akteure an und gibt der Mitarbeit aller Akteuren der Organisation Richtung.

Das Thema muss vom Sponsor persönlich formuliert werden. Diskurs und Austausch mit Peers oder anderen vertrauensvollen Kollegen sind dabei sinnvoll und hilfreich. Der Sponsor wird naturgemäß auch die Unterstützung des Zeremonienmeisters für die Erarbeitung des Themas in Anspruch nehmen.

Das Thema wird immer als Frage formuliert. Zum Beispiel:

- „Wie können wir eine Organisation aus konsistent selbstorganisierten, unternehmerisch-autonomen Teams schaffen?"
- „Warum jetzt Beta?"
- „Was müssen wir tun, um unseren Wettbewerb zu schlagen?"

Das Thema muss breit genug angelegt sein, um Platz für verschiedene Teilaspekte zu schaffen, gleichzeitig aber eng genug, um eine klare Denkrichtung für das umrissene Problem zu geben. Die Formulierung des Themas sollte drei Arten von Aspekten in Worten oder im Ton beinhalten:

- Aspekte, die bereits bekannt sind („Das sind die Probleme, denen wir uns stellen müssen". „Darum müssen wir handeln." „Ein höheres Maß an Selbstorganisation ist erforderlich, um Komplexität zu begegnen"),
- Aspekte, die unbekannt sind („Wie können wir Wertschöpfung steigern und Wettbewerbsvorteile erarbeiten?"),
- Aspekte, die erst noch der Klärung bedürfen („Wir werden gemeinsam herausfinden müssen, welche spezifischen Praktiken wir dazu einsetzen wollen.").

{ Das Thema für das erste OpenSpace Meeting muss stets in Form einer offenen Frage formuliert sein. }

Einladung verfassen & senden

Bei einem OpenSpace kommen Menschen zusammen, um an Themen, die für sie individuell und kollektiv relevant sind, zu arbeiten. Der Sponsor ist für die Erstellung und Versendung einer Einladung für die OpenSpace-Veranstaltung verantwortlich.

Ziel der Einladung ist, die Akteure dazu anzuregen, sich für die Beta-Transformation zu interessieren, sich dazu durch Beitritt anzumelden und später „dranzubleiben". Die Einladung umreißt das Thema und die Beta-Transformation – jedoch nur so weit, dass es von allen verstanden werden kann. Die Einladung muss nämlich so geschrieben sein, dass die Lösung nicht vorgegeben ist. Die beste Art der Einladung lässt die Details also eher aus: Weniger ist mehr! Sie formuliert eine offene Frage und versucht Problembewusstsein zu vermitteln – nicht einen Lösungsweg!

Die Einladung:
- vermittelt, dass das Thema für die Organisation so bedeutsam ist und warum der Sponsor die Beta-Transformation für dringlich hält,
- wird notgedrungen Formulierungen beinhalten wie: „Es läuft schlecht und daran erkennen wir es"; „darum müssen wir"; „gemeinsam"; „jetzt",
- liefert ausreichend Informationen zum Thema, zu Beta, zu OpenSpace Beta und zur Grossgruppenmethode OpenSpace,
- gibt an, wann und wo die Veranstaltung stattfinden wird,
- gibt den Eingeladenen genügend Zeit, um zu antworten, ob sie dabei sind,
- klärt darüber auf, dass die Teilnahme zu 100% freiwillig ist.

Jedes OpenSpace Meeting muss durch eine explizite Einladung so eingeleitet werden, dass mindestens eines eindeutig ist: Niemand wird gezwungen!

Am besten schreibt der Sponsor die Einladung selbst, mit Unterstützung des Zeremonienmeisters, der sowohl OpenSpace, als auch Beta und OpenSpace Beta kennt und versteht. Der Zeremonienmeister kann nach den ersten Entwürfen des Sponsors mit ihm gemeinsam den Einladungstext schärfen und verfeinern.

In jedem Fall muss der Sponsor – und niemand anders! – die Einladung verschicken. Dies signalisiert, dass die Veranstaltung bedeutsam ist und macht deutlich, dass die Verantwortung für die Aussprache der Einladung nicht „delegiert" wurde.

Einladung verfassen & senden (fortgesetzt)

Es ist eine gute Idee, den Eingeladenen reichlich Zeit zum Antworten zu lassen. Die Eingeladenen brauchen Zeit, um die Einladung sorgfältig zu prüfen. Viele der eingeladenen Personen haben möglicherweise noch nie an einen OpenSpace teilgenommen und werden zunächst zögern, die Einladung anzunehmen. Die meisten Eingeladenen werden noch nie explizit an Organisationsentwicklung mitgewirkt haben! Es ist also klug, den Eingeladenen genügend Zeit zu geben, um über die bevorstehende Veranstaltung und auch über ihre Ideen zum Thema zu sprechen, und darüber miteinander zu diskutieren, ob sie tatsächlich an OS 1 teilzunehmen möchten.

Neben der Einladung selbst ist wichtig, dass unter Nutzung ganz unterschiedlicher Kanäle permanent über das Thema und über die Einladung kommuniziert wird. Dazu sollten sowohl digitale als auch haptische Medien zum Einsatz kommen. Es können Plakate in öffentlichen Bereichen, wie Kantinen, Fluren, Eingangsbereichen, platziert werden, Handzettel zur Mitnahme ausgelegt, oder virtuelle Diskussionskanäle – z.B. mit Slack – eröffnet werden. Zusätzlich können persönliche Treffen und Gesprächsformate angeboten werden.

Die Einladung und alle anderen Informationsangebote müssen sich gegenseitig bestätigen und sollen die Veranstaltung zu einem wichtigen Diskussionsgegenstand werden lassen, über den im Vorfeld gesprochen werden kann, darf und soll.

{ Diejenige Person, die die Einladung ausspricht und versendet, ist ausschlaggebend für Gewicht und Bedeutung, welche der Einladung beigemessen wird. }

Vergemeinschaften der Einladung (45 Tage)

Die Erarbeitung des Themas ist abgeschlossen. Der Sponsor hat die Einladung zum ersten OpenSpace-Meeting fertiggestellt und abgeschickt oder an die Eingeladenen übergeben. Die Vorbereitung auf OS 1 wird nun, während der folgenden 45 Tage, fortgesetzt. Dazu gehören:

- Verteilen und Aufhängen von Postern, Handzetteln o.Ä. an relevanten Orten in der Organisation.
- Bereitschaft zum Gespräch in allen möglichen Formaten. Mündliche Wiederholung und Bekräftigung der Einladung und ihrer Teile. Immer wieder betonen, dass die Teilnahme zu 100% freiwillig ist.
- Teilen von Narrativen über das organisationale Lernen in der Vergangenheit und über das Potenzial für zusätzliches Lernen und Entwicklung beim bevorstehenden OS 1.
- Gut zuzuhören, was die Mitglieder der Organisation erzählen, während sie über die Einladung sprechen und vergemeinschaften, was die Einladung „wirklich, wirklich bedeutet".

Die 45 Tage sollten für alle ausreichend Zeit bieten, um die Einladung zum OpenSpace zu prüfen und zu verarbeiten. **Dies beinhaltet ausdrücklich die Diskussion der Einladung mit und zwischen Kolleginnen und Kollegen aus der Organisation.** Der informelle Austausch spielt bei der Vergemeinschaftung der Einladung die entscheidende Rolle: In welcher Intensität das Thema besprochen, verarbeitet, aber auch angenommen werden kann, ist abhängig vom Einsatz aller Machtträger der Organisation: Formell autorisierter Manager, Beeinflusser und Reputationsträger. Es ist empfehlenswert, in den 45 Tagen auch neue Kommunikations- und Interaktionsformate zu etablieren und zu nutzen.

Der Zeitrahmen von 45 Tagen ist nicht als strikte Regel zu verstehen. Dieser Periodenlänge liegen allerdings Erfahrungswerte zugrunde. Die Zeit, die es braucht, ein bedeutsames Zukunftsthema in einer Organisation adäquat zu sozialisieren, wird in der Regel unterschätzt. Grundsätzlich gilt: Je mehr Personen eingeladen sind, desto mehr Zeit ist zur Vergemeinschaftung erforderlich.

{ Stärke und Widerstandsfähigkeit einer Beta-Organisation liegen in der Intensität sozialer Dynamik, die sie aushalten kann. Während der 45 Tage kann sich diese Art der Dynamik bereits entfalten, sie kann erstmals bewusst erlebt werden. }

Teil 5

OS 1:
Beginnen

(Vorbereiten!)

Konzepte, Kontext, Aufgaben

Konzepte

- **Das OS 1 Meeting hat Signalfunktion für die Beta-Transformation. OS 1 ist jedoch kein Kick-off.** Denn das würde bedeuten, dass „noch nichts oder nicht viel passiert ist". In Wirklichkeit ist schon viel passiert: Das Thema ist zu diesem Zeitpunkt rund sechs Wochen lang verarbeitet und durchdrungen worden. Akteure haben die Einladung zu OS 1 in vollem Bewusstsein angenommen, oder auch nicht.
- **Die Teilnehmenden erfahren, wie das OpenSpace-Format funktioniert.** Sie durchdenken in der Folge unterschiedliche Perspektiven der Beta-Transformation in unterschiedlichsten Gesprächskonstellationen, unter weitgehender Abwesenheit der Bedeutung von hierarchischer Macht.

Kontext

- **Die 60 Tage der Vorbereitung sind abgeschlossen.** Die Einladung wurde entwickelt, versandt, sozialisiert. Das erste OpenSpace Meeting ist da!
- **Für viele Teilnehmende ist OpenSpace eine ganz neue Erfahrung.** Die Arbeit in Diskursoffenheit zwischen denjenigen Akteuren der Organisation, die auf die Einladung mit Annahme reagiert haben, wird für viele ebenfalls eine neuartige Erfahrung sein.

Aufgaben

- **Formell autorisierte Manager sind bei OS 1 Teilnehmende wie alle anderen auch.** Sie sind normale Teilnehmende. Im Anschluss an OS 1 kommt einigen von ihnen jedoch die zusätzliche Aufgabe zu, auf Grundlage der Protokolle zügig handeln zu müssen.
- **Während OS 1 identifizieren und diskutieren die Teilnehmenden wichtige Aspekte des Themas** und besprechen, wie sie mit der Übung von Beta-Mustern während der nächsten 90 Tage verfahren wollen. Lösungen werden diskutiert, skizziert und ausgearbeitet.
- Spätestens bei OS 1 wird der **Termin für OS 2** bekanntgegeben.
- **Ein Vorbereitungstag unter freiwilliger Teilnahme dient der Sichtung, Aufbereitung und Visualisierung der Ergebnisse** in Vorbereitung auf die 90 Tage.

Tag 1: Beitrittsmeeting. Ein ganzer Tag

Das erste OpenSpace-Meeting ist in besonderem Maße ein Symbol des Beitritts zur Beta-Transformation. Es weist zwei wichtige Merkmale auf:
- Es muss, wie aus gutem Grund mehrfach betont, freiwillig sein. Das bedeutet, dass es zu 100% akzeptabel ist, die Einladung abzulehnen und nicht an OS 1 teilzunehmen.
- Die Veranstaltung hat eine Dauer von mindestens einem Tag.

Das OpenSpace-Format wird für viele, ja sogar die meisten Teilnehmerinnen und Teilnehmer eine neue Erfahrung sein. Sie sind wahrscheinlich auch noch nicht vertieft mit Beta-Prinzipien vertraut. Es wird daher einige Zeit dauern, bis die Organisation die Erfahrungen und das Gelernte aus dem ersten OpenSpace Meeting integriert. Die eintägige Veranstaltung erleichtert den Beginn des Lernens und ermöglicht es, die Zeit des „Übens – Flippens – Lernens" unmittelbar gemeinsam zu beginnen.

Die Aneignung von Beta-Prinzipien betrifft alle Akteure innerhalb der Organisation. OS 1 bietet eine ideale Möglichkeit dazu, dass sich verschiedene Perspektiven der Akteure gegenseitig befruchten. Die Teilnehmenden kommen möglicherweise mit unterschiedlichen Grundhaltungen zum OS 1: Einige sind vermutlich zögerlich gegenüber der Idee von Beta. Oder haben eine eher „abwartende Haltung". Andere mögen bereits starke Anhänger sein. Diese Unterschiedlichkeiten sind normal und müssen von allen ausgehalten werden.

Es ist für OS 1 bereichernd, wenn es gelingt, Personen mit den verschiedensten Positionen und Perspektiven einzubeziehen. Es hilft, wenn einige Akteure „begeistert" für das Thema sind. Entscheidend ist aber nicht Begeisterung, sondern, so wie es in der Einladung auch formuliert sein sollte, dass die Akteure in den 90 Tagen engagiert im Geist der Beta-Transformation an ihrer Organisation arbeiten. Begeisterung ist nicht alles!

Termin und Ort des OS 2 Meetings, das auf die 90 Tage „Üben–Flippen–Lernen" folgt, werden spätestens bei OS 1 öffentlich gemacht bzw. angekündigt.

{ Durch den freiwilligen Charakter von OpenSpace werden Neugier, Offenheit und Zuverlässigkeit gefördert. }

Protokolle aus OS 1

Sessionprotokolle dokumentieren die Diskursergebnisse des OpenSpace Meetings und sind Teil von entstehenden Narrativen der Organisationsentwicklung. Was die Sessionprotokolle aus OS 1 leisten:

- Sie erlauben, Diskussionsergebnisse mit jeder und jedem in der Organisation zu teilen.
- Sie dokumentieren die wichtigsten Themen, Ideen und Arbeitsansätze aus OS 1.
- Sie sind Auswertungsgrundlage dafür, um konstruktiv arbeitend in die 90 Tage des „Übens – Flippens – Lernens" zu starten.

Jeder Sessiongeber hat die Verantwortung, Sessionteilnehmende einzuladen, an der Erstellung der Protokolle mitzuwirken.

- Sessionprotokolle enthalten sinnvolle Notizen, Diagramme, Bilder, und Listen der Teilnehmenden.
- Sie werden stets unmittelbar nach der jeweiligen Session eingesammelt. Dazu muss das jeweilige Protokoll natürlich schon während der Session selbst und am besten sichtbar für alle Teilnehmenden entstehen.
- Alle Sessionprotokolle werden spätestens 24 Stunden nach Ende von OS 1 mit der gesamten Organisation geteilt. Normalerweise wird dies „in digitaler Form" geschehen.

Die Teilnehmendenübersichten zu den Sessions und die Sessionergebnisse, die in den Protokollen dokumentiert sind, liefern notwendige Transparenz für die weitere Arbeit in den 90 Tagen. In der späteren Arbeit wird naturgemäß immer wieder nachgeschaut, wer an welchen Themen gearbeitet hat. Auch, um mögliche Unterstützer für die Arbeit an bestimmten Interventionen zu identifizieren.

Der Facilitator von OS 1 muss Sessiongeber und Teilnehmende dabei unterstützen, die Ergebnisse ihrer Sessions während der Veranstaltung so schnell wie möglich in die Protokolle zu überführen. Diese Unterstützung umfasst alle Vorbereitungen, die erlauben, die Protokolle schnell, umfassend und transparent zu erstellen. Die Dokumentationen können z.B. auf Flipchart oder mithilfe spezieller Moderationsmaterialien erarbeitet werden. Bei Nutzung elektronischer Medien ist darauf zu achten, dass dies so erfolgt, dass Sessionteilnehmenden sehen können, was laufend aufgeschrieben und dokumentiert wird.

Die Aktualität der Protokoll-Veröffentlichung für alle Teilnehmenden ist bei OpenSpace in Organisation allgemein und im Kontext von OpenSpace Beta im Besonderen ein kritischer Punkt. Der Facilitator organisiert die Erstellung der Protokolle so, dass diese zeitnah nach der Abschlussrunde zur Verfügung stehen. Die Veröffentlichung der Protokolle sollte eine unmissverständliche Mitteilung des Sponsors enthalten, in der dieser erklärt, dass die in den Sessionprotokollen enthaltenen Inhalte in den 90 Tagen weiter bearbeitet werden.

Die Sessionprotokolle müssen beim Vorbereitungstag, der auf OS 1 folgt, vollständig zugänglich sein. Sie sind Grundlage der Sichtungs- und Strukturierungsarbeit während dieses Vorbereitungstags.

{ Die Protokolle aus dem 1. OpenSpace Meeting schaffen eine umfassende und verbindliche Grundlage für die Systemarbeit und die Arbeit an der Wertschöpfung in den 90 Tagen. }

Tag 2: Vorbereitungstag. Zeitlich kontrolliertes Flippen installieren

Auf der Grundlage der gerade veröffentlichten Sessionprotokolle ist der Vorbereitungstag derjenige Zeitpunkt, an dem die Grundlagen einer „Infrastruktur für das systematische Flippen des Systems zu Beta" während der 90 Tage gelegt wird. Der Vorbereitungstag findet unmittelbar nach dem OS 1-Beitrittsmeeting statt – idealerweise gleich am nächsten Tag.

Die Art von Infrastruktur, die wir hier skizziert haben, existiert in Organisationen normalerweise nicht. Sie muss daher am Vorbereitungstag und zu Beginn der 90 Tage erdacht, erarbeitet und eingerichtet werden. **Der Vorbereitungstag soll dem Sponsor und anderen Formell autorisierten Managern, Beeinflussern und Reputationsträgern helfen, diese für die Systemarbeit notwendige Infrastruktur öffentlich und transparent für alle aufzubauen.** Der Vorbereitungstag darf keinesfalls als ein Mechanismus missverstanden werden, mit dem irgendwelche Organisationsmitglieder von der Verantwortung für die Arbeit des Flippens des Systems entbunden werden!

Die Teilnahme am Vorbereitungstag muss, ebenso wie das Beitrittsmeeting, (mit Ausnahme des Sponsors) zu 100% freiwillig sein. Der Zeremonienmeister sollte diesen Tag, unter Beachtung der vier Prinzipien von OpenSpace (siehe Seite 56), moderieren. Um diese Vorbereitungsarbeit adäquat erledigen zu können, wird eine Gruppe von Personen erforderlich sein. Diese Gruppe kann zehn Personen oder mehr umfassen. Diese Gruppe darf keinesfalls einem Ausschuss, einer Lenkungsgruppe oder einer Task Force ähneln. Sie soll nur an diesem Tag zusammenkommen und sich dann sogleich wieder auflösen.

Der Vorbereitungstag beginnt mit einer vollständigen Sichtung und Lektüre der Protokolle. Diese werden anschließend sortiert und gruppiert, um auf die konkrete Veränderungsarbeit vorzubereiten. Gemeinsam gilt es, Folgendes zu identifizieren, zu diskutieren und daran zu arbeiten:

- Empfehlungen, die ohne zusätzliche Autorisierung unmittelbar realisiert werden können,
- Empfehlungen, für die eine zusätzliche Autorisierung durch den Sponsor erforderlich ist,
- Empfehlungen, die außerhalb der Zuständigkeit des Sponsors liegen,
- die wichtigsten Bedenken, die sich in den Protokollen widerspiegeln.

Folgende Fragen sollten zudem während des verbleibenden Vorbereitungstags gestellt und diskutiert werden:

- Welche Flips bzw. absichtsvollen Interventionen am System (nicht an Personen!) wurden identifiziert oder vorgeschlagen?
- Welche weniger offensichtlichen Botschaften stecken in den Protokollen?
- Welche Probleme müssen sofort angegangen werden?
- Was sind Interdependenzen zwischen Flips? Was muss priorisiert werden, damit Anderes noch während der 90 Tage getan werden kann?
- Wer kann das tun? Wer wird zum Flippen gebraucht?
- Welche anderen Ressourcen werden benötigt? Wie sichern wir die zur Flipping-Arbeit notwendigen Ressourcen?
- Gibt es Flips, für die bestimmte Vorbereitungsarbeiten bzw. -anstrengungen erforderlich sind, damit sie realisiert werden können?
- Wie soll die Arbeit des „Zeitlich kontrollierten Flippens" während der 90 Tage visualisiert und kontinuierlich transparent gehalten werden?
- Welche Art von zusätzlicher Kommunikation ist angemessen oder notwendig?
- Welche Methoden und zusätzlichen Interventionen werden wahrscheinlich unmittelbar benötigt, um das „Üben, Flippen, Lernen" in den 90 Tagen zu beschleunigen?

{ Beim Vorbereitungstag werden die Grundlagen für die in den 90 Tage notwendige „Transformations-Infrastruktur" gelegt. Er beschleunigt die Veränderungsarbeit nach OS 1. }

Teil 6

90 Tage: Üben – Flippen – Lernen

(Tun!)

Konzepte, Kontext, Aufgaben

In dieser Phase geht es darum, systematisch und im Einklang mit den Beta-Prinzipien am Organisationssystem zu arbeiten. Es geht um diszipliniertes Üben mit Beta-Artefakten und mit Beta-Mustern – sowohl auf der Team-, wie auch auf Organisationsebene. Dies muss durch eine Lernarchitektur unterstützt werden, die Einsicht, Reflexion und kontinuierliche Verbesserung beschleunigt und vertieft.

Konzepte

- Ausrichtung von Teams und der Organisation an den Prinzipien des Beta-Kodex
- Systematische Stärkung der Wertschöpfung
- Sinnvolle, absichtsvolle Interventionen am System („Flippen")
- Beschleunigtes Lernen für das Üben mit Beta-Mustern
- Absichtsvolles Storytelling zur Etablierung konstruktiver Narrative

Kontext

- Während OS 1 wurden Themen aufgedeckt, an denen nun gearbeitet werden muss.
- Sessionprotokolle und die Ergebnisse der Systematisierung/Visualisierung vom Vorbereitungstag sind veröffentlicht.
- Teams und Formell autorisierte Manager benötigen Unterstützung, Ermutigung und Austausch, während sie Erfahrungen mit den für sie neuen Beta-Arbeitsweisen sammeln.

Aufgaben

- Sicherstellen, dass alles Üben mit dem Beta-Kodex im Einklang ist.
- Diszipliniertes Üben erfolgt solange, bis geklärt ist, ob die neuen Praktiken und Beta-Muster Teams und der Organisation tatsächlich helfen, Arbeit und Wertschöpfung zu verbessern.
- Teams wird erlaubt, sich selbst so zu organisieren, dass Einfluss und Reputation sichtbar und nutzbar werden.

Üben – Flippen – Lernen (90 Tage)

Die empfohlene nominale Zeitdauer für das konzentrierte Üben von Beta-Mustern in OpenSpace Beta beträgt 90 Tage oder rund 13 Wochen. Ein solcher Zeitraum von 90 Tagen gibt der gesamten Organisation genügend Zeit, um konkrete Erfahrungen zu sammeln und Erkenntnisse zu gewinnen. Im Ausnahmefall kann auch ein kürzerer Zeitraum des „Übens – Flippens – Lernens" zu guten Ergebnissen führen: Bereits 60 Tage können ausreichen, sofern es relevante Vorerfahrungen mit Beta-Transformationsarbeit gibt, oder wenn der Beta-Kodex bereits etabliert ist. Eine Verkürzung der 90 Tage ist vor allem dann möglich, wenn OpenSpace Beta nicht zum ersten Mal in der Organisation angewandt wird, und wenn schon entsprechende Übung mit der Funktionsweise von OpenSpace Beta stattgefunden hat.

Die 90 Tage sind an OS 1 und OS 2 gebunden. Während dieser Zeit beteiligen sich Formell autorisierte Manager, Beeinflusser und Reputationsträger an konstruktivem Storytelling, um das Üben mit Beta-Mustern zu unterstützen. Als Beta-Muster bezeichnen wir hier jede Praxis, die mit den 12 Prinzipien des Beta-Kodex (siehe Seite 111) im Einklang ist bzw. sie nicht verletzt.

Teams, Vorstände, Geschäftsführer, Führungskräfte, Manager werden ermutigt, ihre Ideen und Vorstellungen zur Gestaltung von Beta-Mustern in den 90 Tagen aktiv einzubringen. Mangel an Verständnis für bestimmte Beta-Muster kann durch einen Kniff überwunden werden, nämlich dadurch, dass gemeinsam zu Beginn des Übens „so getan wird, als ob" diese Beta-Muster am Ende funktionieren werden. Auf diese Weise wird „konstruktives Beginnen" ermöglicht. **Denn für zögerliches Aufschieben bleibt in den 90 Tagen keine Zeit!**

Die neu gewonnen Erkenntnisse aus den 90 Tagen werden in OS 2 thematisiert, die gesamte Arbeit überprüft und jede und jeder ermutigt, für sich und für die Organisation Bilanz zu ziehen. Durch diese klammerartige Konstruktion schafft OpenSpace Beta fruchtbare Bedingungen dafür, den Diskurs- und Lernraum über einen Zeitraum von 90 Tagen geöffnet zu halten.

{ Könnerschaft entsteht aus disziplinierter Praxis heraus. Aus durchdachtem, methodenbasiertem, iterativem Handeln. Gleichzeitig wird die Organisation weiterentwickelt. }

Wertschöpfungsstärkung

Damit OpenSpace Beta und Beta die organisatorische Leistung und Wertschöpfung prägen können, ist es notwendig, wertschöpfende Arbeit in den 90 Tagen leichter und einfacher zu machen, und mithin den Flow der Arbeit zu verbessern.

Es bedarf der Entwicklung neuer, effektiverer Praktiken und Muster, während gleichzeitig Hindernisse für Teamleistung beseitigt und Verschwendung gemeinsam bekämpft werden. Wir nennen die neu zu entwickelnden oder zu stärkenden Praktiken „Komplexithoden". Komplexithoden sind organisationale Werkzeuge, die vom Menschen nicht zu trennen sind: Komplexithoden sind so lebendig und so komplex wie die Probleme, die wir mit ihnen zu lösen trachten.

Um die Wertschöpfung und die Wirksamkeit der Organisation zu stärken, werden sich in den 90 Tagen des ersten OpenSpace Beta-Kapitels häufig einige Schwerpunkte zur Arbeit am Organisationssystem herauskristallisieren. Die folgende Themenliste oder Liste von Schwerpunkten ist keinesfalls „vollständig"! Sie kann aber dazu dienen, Führungskräfte und Teams mit maximaler Wirkung auf die Arbeit am System zu fokussieren.

- **Organisationshygiene üben:** Beseitigung von Barrieren, die Leistung behindern und von Hindernissen, die konstruktive Veränderung blockieren; Entfernen verschwenderischer Instrumente und Funktionsabläufe, die Beta-Muster hemmen und die Leistung beeinträchtigen. Mehr zur Organisationshygiene findet sich auf der nächsten Doppelseite.

- **Erhöhung von Transparenz:** Öffnen der Bücher; Schaffung umfassenden Zugangs zu Sachinformationen; verhindern, dass Sachinformationen verändert oder missbraucht werden; Abschaffung von „Spezialberichten" und Individualzielen.

- **Freilegen der Zellstruktur:** Reduzieren oder Entfernen funktionaler Teilung; Integrieren der Funktionen in Zellen oder „Mini-Unternehmen" – zuerst in der Peripherie, dann im Zentrum; Einführung dezentralisierter Entscheidungsfindung; Überprüfung von Teamkonstellationen und der gesamten Organisationsstruktur; Schaffung interner Märkte mit Wertschöpfungspreisen: die Peripherie darf Gewinne erwirtschaften und muss für die vom Zentrum erbrachten Leistungen zahlen; Erhöhung der Ressourcenautorität von Teams.

- **Einführung Relativer Ziele und von Team-Reporting:** Befreiung sämtlicher Berichtssysteme von Planungs-/Prognosedaten und fixierten Zielen; Erstellung relativer (Trend-)Kennzahlen/Berichte für Teams; Beseitigung aller Kennzahlen unterhalb der Teamebene (für Einzelpersonen); Teams können bei Bedarf eigene, zusätzliche Leistungskennzahlen für sich erstellen.

- **Team-Arbeitsmethoden einführen/verstärken:** Nach Bedarf Arbeitsmethoden (z.B. von Lean, Agile, Scrum, Kaizen) für Teams einführen; Coaches verfügbar machen, die Teams auf Anfrage unterstützen, ihr Verständnis von Beta-Praxis und Beta-Mustern zu vertiefen bzw. diese für sich nutzbar zu machen; Coaches verfügbar machen, um Teams bei möglicher Konfliktlösung zu unterstützen; nach Bedarf Erstellung von Teamvereinbarungen zur Zusammenarbeit, sowie Einführung/Nutzbarmachung von Team-Ritualen und Beta-Mustern.

In Teil 1 dieses Buches finden sich Grundlagen zu Organisationsphysik sowie zu Dezentralisierung und Teamautonomie, die in diesem Zusammenhang eine wichtige Rolle spielen.

{ Viele Beta-Muster oder Barrieren, die Beta im Weg stehen, können an diesem Punkt der Transformation noch weitgehend unbekannt sein. Die Herausforderung besteht nun darin, stetig Einsicht in Handeln umzuwandeln. }

Zeitlich kontrolliertes Flippen

Die Art und Weise, mit der während der 90 Tage am System der gesamten Organisation gearbeitet wird, um zur Stärkung der Wertschöpfung, zum Abbau von Leistungsbarrieren und zum Kampf gegen Verschwendung beizutragen, nennen wir „Time-boxed Flipping" oder „Zeitlich kontrolliertes Flippen".

Die Begrenzung des Zeitrahmens („Time-boxing") schärft die Wahrnehmung von Menschen, unsere Erfahrungen werden fokussierter und intensiver. Bewusstsein dafür, dass die Zeit begrenzt ist, fördert die Konzentration auf das Wesentliche, hilft ihnen, ihre Bedenken zurückzustellen, und aktiv das Neue zu gestalten. Deshalb sollte die Arbeit an Flips, wie wir Interventionen am oder Eingriffe in das Organisationssystem nennen, zeitlich begrenzt, visualisiert und für alle sichtbar gemacht werden.

OpenSpace Beta ermöglicht die zügige Realisierung organisationaler Flips und erlaubt Teams, sich Beta-Arbeitsweisen zu eigen zu machen – und das mit einem angemessen hohen Tempo. Während der 90 Tage zwischen den beiden OpenSpace Meetings wird das „Üben – Flippen – Lernen" systematisch gefördert. Überlegene und zuverlässige Wertschöpfung ist das ultimative Ziel. Dies beginnt mit dem Üben, Lernen und der Aneignung von Beta-Praktiken und -mustern. All dies ist zeitlich begrenzt, um für den Teilnehmenden einen klar markierten Anfang, eine Mitte und ein Ende der Transformation aufzuzeigen.

Die empfohlene Zeitdauer zwischen OS 1 und OS 2 beträgt, wie ausgeführt, rund 90 Tage. Ein Schlüsselelement für diese Phase ist der Verweis auf das nächste, das zweite OpenSpace Meeting. Da die Organisation beginnt, Beta-Muster zu praktizieren, ist es wichtig, fortlaufend zu kommunizieren, dass die Ergebnisse des gemeinsamen Übens in OS 2 sorgfältig geprüft werden. In der Praxis bedeutet dies, dass alle das Datum von OS 2 kennen müssen. Dies bedeutet: Das Datum muss frühzeitig mitgeteilt und häufig erwähnt werden.

Organisationshygiene

Während alle Komplexithoden beim „Üben – Flippen – Lernen" eine Rolle spielen können, dürfte der Organisationshygiene innerhalb der 90 Tage eine besonders hohe Bedeutung zukommen. Es wird oft übersehen, dass sich das Neue in Organisationen kaum durchsetzen kann, wenn alte Werkzeuge, Praktiken und Muster, die dazu im Widerspruch stehen, erhalten bleiben. Um eine bedeutende Entwicklung einer Organisation herbeizuführen, ist es in der Regel erforderlich, die in einer Organisation vorhandenen „Handbremsen" zu entfernen. Der Begriff Handbremse bezieht sich hier niemals auf Menschen oder einzelne Akteure, sondern auf Praktiken, Werkzeuge, Muster.

Im Gegensatz zur gängigen Meinung ist die Abschaffung organisationaler Werkzeuge, Regeln und Muster weitaus einfacher als das Erzeugung oder Hervorbringung völlig neuer Werkzeuge oder Muster. Durch das Entfernen von Instrumenten, Regeln, Rollen und Mustern, die Alpha repräsentieren, werden in einer Organisation und ihren Teams „Blockaden gelöst" und Leistungsniveaus angehoben: Raum für weiteres Engagement und mehr Autonomie wird geschaffen. Die Dezentralisierung der Entscheidungsfindung hin zu Teams in der Peripherie wird ermöglicht.

Absichtsvolles Storytelling spielt bei der Steigerung der Wirkung von Organisationshygiene eine große Rolle. Narrative sollen „gut überlegt und schön erzählt" werden, zahlreiche Wiederholungen sind unverzichtbar. Durch das Time-Boxing, also die zeitliche Limitierung der Arbeit des System-Flippens, entsteht ein Gefühl der Kontrolle über die Transformationsarbeit in den 90 Tagen.

Tandem-Meetings

Auf Selbstorganisation basierende Interaktionsformate helfen dabei, den „Raum offenzuhalten", Flip-Arbeit zu sozialisieren und Absichtsvolles Storytelling zu unterstützen. Tandem-Meetings sind bis zu 90-minütige Gesprächsrunden zum Thema von OS 1 (und den damit zusammenhängen Teilaspekten), die von einem aus zwei Gastgebern bestehenden „Tandem" geleitet und öffentlich für eine gemischte Gruppe von bis zu 12 Personen angeboten werden. Die Teilnahme muss freiwillig sein. Die Gastgeber-Konstellation der Tandem-Sitzungen sollte sich, wenn möglich, von Meeting zu Meeting ändern. Bei einem Tandem-Meeting werden keine Entscheidungen getroffen, es werden keine Präsentationen abgehalten, keine Agenda angeboten. Ein Tandem Meeting endet nach spätestens 90 Minuten. Während der 90 Tage sollten so viele Tandem-Meetings wie möglich angeboten werden.

> { Flippen des Systems ist der Kern der Beta-Entwicklungsarbeit einer Organisation. Es darf nicht hinter verschlossenen Türen stattfinden. Vielmehr wird es vor aller Augen aktiv sozialisiert. }

Lernbeschleuniger

Lernen führt uns in unbekannte Domänen, in denen man vorläufig Niederlagen erleben kann. Man könnte auch sagen: Wer lernt, der fühlt sich regelmäßig dumm. Organisationales Lernen aber fördert Innovation. Überlegenes organisationales Lernen ist auch deswegen der entscheidende Wettbewerbsvorteil für moderne Unternehmen: Angesichts zunehmender Komplexität und des technologischen Fortschritts ist es unabdingbar, das gesamte Intelligenz-Potenzial von Teams zu nutzen. Nur dann entsteht gemeinsamer Erfolg für die Organisation.

Wenn innerhalb eines Teams und zwischen Teams hohe Verbindlichkeit und hohe soziale Dichte bestehen, wird die Qualität der von Teams erarbeiteten Lösungen weitaus besser sein, als die von Einzelpersonen erarbeiteten Lösungen.

Lernen und Arbeit sind in Alpha-Organisationen meist getrennt: ein tragischer Kollateralschaden, der in „Weisungs- und Kontrollsystemen" unausweichlich ist. Organisationales Lernen in Beta-Organisation und OpenSpace Beta dagegen sollte so weit wie möglich selbstorganisiert, sozial und informell erfolgen. Dafür, dies zu unterstützen, gibt es vielfältige Möglichkeiten und Ansätze.

- **Coaches.** In OpenSpace Beta dienen Coaches als „Komplexithode" für beschleunigtes Lernen und Üben. Die Verfügbarkeit der Coaches ist hier zeitlich begrenzt, da sie erst in den 60 Tagen des Vorlaufs startet und mit OS 2 endet. Teams müssen die Unterstützung von Coaches anfordern. Dauerbetreuung durch Coaches wäre schädlich, denn sie würde zu erlernter Hilflosigkeit führen.

- **LearningCircles.** LearningCircles by Red42 übertragen das Lernen an Teams oder an kleine Gruppen von vier bis sechs Mitgliedern einer Organisation, die miteinander jeweils Zyklen von fünf 90-minütigen Lernsessions durchführen. Damit wird eine „Ökonomie des Lernen" basierend auf Selbstorganisation geschaffen. Ohne Klassenzimmer, Schulungen, Seminare, Lehrer oder E-Learning. Auf diese Weise wird Lernen Lernerorientiert. Es lässt sich schnell und einladend in ganzen Organisationen anbieten und auch realisieren. LearningCircles sind für kleine Lerngruppen dauerhaft das, was OpenSpace anlassbezogen für große Gruppen ist.

- **Konsultativer Einzelentscheid.** Während der gesamten 90 Tage besteht die Möglichkeit, Entscheidungen nicht nur durch Formell autorisierte Manager oder Gruppenmehrheiten treffen zu lassen. Vielmehr sollten bedeutsame Entscheidungen auch von einzelnen Reputationsträgern oder Beeinflussern getroffen werden mit der Verpflichtung, zuvor die an dem Problem Beteiligten zu konsultieren.

- **Wissenskonferenzen.** Hierbei handelt es sich um Zusammenkünfte von Reputationsträger-Gruppen oder „Communities of Practice", die normalerweise in der gesamten Organisation verstreut sind. Während der 90 Tage können Wissenskonferenzen einberufen werden, um Wissensverbreitung und gegenseitige Befruchtung innerhalb der Organisation zu gewährleisten. Wissenskonferenzen können auch als Zusammenkünfte mehrerer Teams oder Gruppen von Teams abgehalten werden. Sie sollten von Teilnehmenden weitgehend selbst organisiert sein und die Prinzipien des OpenSpace-Formats nutzen.

Diese Beispiele für sinnvolle, wirksame Lernformate sind keinesfalls abschließend, sondern sollen lediglich einen Eindruck von der Vielfalt der Möglichkeiten geben.

Es mag kontra-intuitiv erscheinen, aber für Beta-Organisationen ist das Reisen im Zusammenhang mit Lernen „billig". Beta-Organisationen nutzen die Kraft persönlicher Begegnungen und der Kommunikation von Angesicht zu Angesicht – insbesondere für die Konfliktlösung und zur Beseitigung von Leistungsbarrieren. Die Kommunikation von Angesicht zu Angesicht ist von größter Bedeutung, um soziale Dichte aufzubauen und aufrechtzuerhalten – etwas, das nur mit E-Mails, Chat oder sonstiger schriftlicher Interaktion so nicht möglich ist. Darüber hinaus untergraben Telefonkonferenzen von mehr als drei Personen die soziale Dichte. Aus diesem Grund wird in Beta-Organisationen persönliches Gespräch von Angesicht zu Angesicht oder das persönliche „den Telefonhörer in die Hand nehmen" als ausnehmend wichtig erachtet – unabhängig von kultureller Prägung oder Herkunft.

{ Lernen in OpenSpace Beta richtet sich immer gleichermaßen an einzelne Akteure, an Teams und die gesamte Organisation. }

Üben von Beta-Team-Mustern

In OpenSpace Beta sind Teams berechtigt und aufgefordert, Beta-Muster zu üben und die am besten geeigneten Werkzeuge zur Organisation ihrer Arbeit auszuwählen. Dazu können Teams Praktiken an ihren eigenen Kontext anpassen. **Die einzige Begrenzung ist der Beta-Kodex:** Teams werden die zwölf Prinzipien des Beta-Kodex vermittelt und dazu angehalten, ihre Praktiken so anzupassen, dass sie mit diesem Kodex im Einklang stehen. In diesem Sinne wird erwartet, dass Teams Praktiken und Werkzeuge ausgesprochen diszipliniert anwenden.

Wesentliche Merkmale von OpenSpace Beta sind hohe Beteiligung aller Organisationsmitglieder und kontinuierliches Lernen aller Beteiligten. Durch das Üben von Beta-Mustern entstehen für Mitarbeiter und Teams unmittelbare Lernerfahrungen, weil sie:

- durch klare Grundsätze (die 12 Prinzipien des Beta-Kodex) abgesichert sind,
- von Formell autorisierten Managern autorisiert sind,
- von Coaches unterstützt werden,
- durch Absichtsvolles Storytelling zelebriert werden,
- auf 90 Tage Üben–Flippen–Lernen begrenzt wurden,
- im Rahmen aktueller Wertschöpfung und laufender Projekte genutzt,
- während des zweiten OpenSpace Meetings überprüft und angepasst werden.

In einem „flippenden" System treibt disziplinierte Teampraxis das Lernen voran

Organisationales Lernen findet statt, wenn Teams Gegebenheiten infrage stellen, geeignete Organisationswerkzeuge mit Ernsthaftigkeit anwenden und sich als ständig lernende, unternehmerische Leistungseinheiten begreifen.

Viele Beta-Praktiken sind formalisiert und werden in zahlreichen Quellen beschrieben, darunter in Werken zu Lean, Scrum, Kanban, TQM, QRM usw. In unserem Buch Komplexithoden haben wir 33 solcher Organisationswerkzeuge beschrieben. Der Bedarf nach anderen Beta-Praktiken wird sich aus dem konkreten Kontext der Organisation heraus ergeben.

Annahmen hinter derzeit üblichen Praktiken kann man gut durch Fragen überprüfen wie „Warum tun wir das eigentlich?" oder „Müssen wir wirklich X, Y und Z voraussetzen?". Dies bietet eine gute Möglichkeit, um Antworten auf die Frage: „Wie könnten wir es (in Beta) deutlich besser tun?" zu finden.

Für konsequente Veränderungsarbeit in den 90 Tagen sollte die Aneignung neuer Praktiken und das Flippen des Systems stets in realistischen, gut verdaulichen „Portionen" stattfinden. Denn zu große und damit „unverdauliche" Herausforderungen führen zu inkonsistentem und halbherzigem Tun. Ein wenig Verunsicherung aber gehört zum Lernen dazu. Es ist normal. Wenn Unklarheiten disziplinierter Praxis und dem Lernfortschritt im Wege stehen, kann es hilfreich sein, sich und andere an folgende Hinweise zu erinnern:

- Setzt Vorbehalte aus – zumindest vorläufig! –, damit es losgehen kann!
- Verhaltet euch vorläufig „so als ob"! Überprüft in OS 2!
- Tut so, als könnten die neuen „Beta-Praktiken" funktionieren!

Beim disziplinierten Üben wird diese Methode überlegt angewandt, nichts ist in Stein gemeißelt. Alle Übungen werden während des zweiten OpenSpace Meetings gemeinsam und unter Berücksichtigung der möglicherweise unterschiedlichen Meinungen und Standpunkte überprüft und angepasst.

{ **Üben, ausprobieren, variieren, wieder üben: Neue Teammuster entstehen nicht aus dem Nichts heraus.** }

Der Beta-Kodex und seine Prinzipien

Um Komplexität wirksam zu begegnen, benötigen Organisationen keine monolithische Theorie: Sie bedürfen keiner „Frameworks". Vielmehr brauchen sie eine kohärente, gemeinsame Sprache und Metaphorik. Und einen Ansatz, oder ein System zur Beschreibung von Systemen, das sich jede und jeder in einer Organisation durch Lernen aneignen und in die eigene Arbeit integrieren kann. Für Beta ist bedeutsam, dass dieses System nicht auf Regeln, sondern auf Prinzipien basiert. Im Gegensatz zu anderen Konzepten ist der Beta-Kodex weder Instrument, noch Patentlösung: **Es ist ein System zur Beschreibung von Systemen und, wenn verinnerlicht, eine Geisteshaltung. Es bietet Anleitung.**

Ab 1998 entwickelten der Beyond Budgeting Round Table und später das BetaCodex Network anhand von Fallstudien-basierter Forschung und konzeptionellen Untersuchungen **ein Set zentraler Prinzipien für Organisationsmodelle, das auf Dezentralisierung und „relativer Leistung" basiert.** Diese Prinzipien stehen in deutlichem Kontrast zu Weisungs- und Kontroll-Prinzipien mit zentraler Planung und fixierten Leistungsverträgen. Beta basiert auf Zutrauen in die Leistungsfähigkeit von Teams: Erhöhte Transparenz und höhere Erwartungen im Vergleich zu Mitbewerbern oder vergleichbaren Unternehmen stellen für Teams permanente Herausforderung dar. Verantwortung für Leistung und Entscheidung verlagert sich vom Zentrum der Organisation zur Peripherie.

Der Unterschied zwischen Regeln und Prinzipien besteht darin, dass zum Erstellen einer Regel jede mögliche Situation analysiert werden muss, bevor man sie formulieren kann. Regeln basieren auf einer „Wenn-dies-passiert-tudas"-Logik. Sie müssen befolgt werden. Sobald unbekannte, neue Situationen auftreten, laufen Regeln ins Leere. Prinzipien dagegen lassen sich auch auf unbekannte, neue Probleme anwenden. Man muss künftige Probleme nicht kennen, um Prinzipien zu formulieren. Man wendet Prinzipien im Licht realer Situation an – sie bedürfen der Auslegung. Dieser Robustheit wegen können Beta-Kodex-Prinzipien (die „12 Gesetze") in einer Organisation in allen Situationen Anwendung finden, denen wir begegnen – überall und jederzeit.

Es bedarf einiger Übung, um die Kombinatorik der Prinzipien des Beta-Kodex zu verstehen. Das Modell basiert auf einem Satz von 12 kohärenten und voneinander abhängigen Prinzipien. Die Prinzipien sind nicht wie eine Salatbar, an der jeder sich nach Geschmack bedienen kann: Nur wenn alle Prinzipien Anwendung finden, wird eine Organisation mit der überlegenen Leistungsfähigkeit belohnt, die das Modell bietet. Demokratie ist auch nicht ohne Pressefreiheit zu haben.

Die Gesetze des Beta-Kodex

Beta ist die organisationale Denkweise, die mit der Realität komplexer Märkte ebenso in Einklang steht wie mit der Natur des Menschen. Beta wird durch einen unteilbaren Satz von 12 Gesetzen (oder: Prinzipien) wie folgt artikuliert.

Gesetz	Tu dies!	Nicht das!
1. Teamautonomie:	Sinnkopplung	statt Abhängigkeit
2. Föderalisierung:	Zellstruktur	statt abgeteilter Silos
3. Leaderships:	Selbstorganisation	statt Management
4. Rundumerfolg:	Passgenauigkeit	statt Monomaximierung
5. Transparenz:	Fließintelligenz	statt Machtverstopfung
6. Marktorientierung:	Relative Ziele	statt Chefvorgabe
7. Bedingtes Arbeitseinkommen:	Teilhabe	statt Anreizung
8. Geistesgegenwart:	Vorbereitung	statt Planwirtschaft
9. Rhythmus:	Taktgefühl	statt Fiskaljahrsorientierung
10. Könnerentscheidung:	Konsequenz	statt Bürokratie
11. Ressourcendisziplin:	Zweckdienlichkeit	statt Statusgedöns
12. Flowkoordination:	Wertschöpfungsdynamik	statt Zuweisungstaktik

Version 2018, www.betacodex.org

Beta-Kodex-Begrenzungen

Die 12 Prinzipien des Beta-Kodex umreißen die Bedeutung von „Beta" in OpenSpace Beta klar. Es gibt eine grundlegende Anforderung oder Einschränkung, die beim Üben von Beta-Mustern erfüllt sein muss: Alle gewählten Praktiken müssen den Beta-Kodex unterstützen bzw. mit ihm in Einklang stehen. Zumindest darf keine verwendete Praxis offensichtlich gegen eines der 12 Prinzipien des Beta-Kodex verstoßen. **Beta ist das Treppengeländer.**

Es ist eine gute Idee, die 12 Beta-Prinzipien für bestimmte Perioden an relevanten Örtlichkeiten der Organisation auszuhängen, sodass jeder daran erinnert werden kann. Alle werden ermutigt, einander Fragen zu stellen und darauf zu bestehen, dass alle Praktiken mit dem Beta-Kodex übereinstimmen.

Das hohe Maß an Selbstorganisation in OS 1 und OS 2 ermutigt die Teilnehmenden dazu, ein breites Spektrum an Themen und Ideen rund um die Beta-Transformation systematisch zu diskutieren. Dafür, dass Teams und die Organisation als Ganzes während der 90 Tage Beta-Muster zulassen und üben, bietet der Beta-Kodex gerade genug Begrenzung. Ein kontinuierlich steigendes Maß an Selbstorganisation und „Beta-Realität" erlaubt während der 90 Tage, Beta-Muster zunehmend übend zu verinnerlichen. Sofern eine Organisation den 12 Prinzipien des Beta-Kodex folgt, lautet die Antwort auf jede der folgenden Fragen „Ja!". Anderenfalls müssen Praktiken abgeschafft oder verändert werden.

- **Unterstützen alle unsere Praktiken, Rituale, Artefakte und Kommunikationsformate Teamautonomie** – verstanden als Sinnkopplung, statt als Abhängigkeit?
- **Unterstützen sie Föderalisierung** – verstanden als Zellstruktur, statt als abgeteilte Silos?
- **Unterstützen sie „Leaderships"** – verstanden als konsistente Selbstorganisation, statt als Management im Sinne von Fremdsteuerung?
- **Unterstützen sie Rundumerfolg** – verstanden als Passgenauigkeit oder Fit in Bezug auf alle Dimensionen von Wertschöpfung, statt als Monomaximierung auf Größe/Wachstum, Umsatz, Gewinn, Shareholder Value?
- **Unterstützen sie Transparenz** – verstanden als Herstellung von Fließintelligenz, statt als Machtverstopfung?
- **Unterstützen sie Marktorientierung** – verstanden als Relative Ziele, statt als fixierter, Top-down-Chefvorgaben?

- **Unterstützen sie bedingtes Arbeitseinkommen** – verstanden als Teilhabe, anstelle von Anreizen?
- **Unterstützen sie die Geistesgegenwart** – verstanden als ständige Vorbereitung, statt als Planwirtschaft?
- **Unterstützen sie Rhythmus** – verstanden als Takt & Groove und „swingende Wertschöpfung", statt als Fiskaljahrsorientierung?
- **Unterstützen sie Könnerentscheidung** – verstanden als konsequente Dezentralisierung von Entscheidung hin zu Könnern, statt als Bürokratie?
- **Unterstützen sie Ressourcendisziplin** – verstanden als Zweckdienlichkeit statt als Statusorientierung in der Ressourcennutzung?
- **Unterstützen sie die Flowkoordination** – verstanden als Primat der Wertschöpfungdynamik, statt als statische, planerische Zuordnungen?

Der Beta-Kodex definiert klare Grenzen zwischen Beta-Praktiken (geeignet!) und Alpha- oder „Nicht-Beta"-Praktiken (ungeeignet!). Innerhalb dieser Grenzen gibt es völlige Freiheit für Selbstorganisation und disziplinierte Praxis. **Damit sich Beta in den Köpfen der Akteure festsetzen kann, müssen die Abhängigkeiten zwischen den Beta-Prinzipien verstanden werden – nicht nur die einzelnen Prinzipien.** Im Kontext von Problemlösung und Organisationsentwicklung sollten sich Gruppen immer fragen: Welche Prinzipien (meist mehr als eines) werden in dieser Situation berührt, und wie wirken sich unsere Handlungen auf andere aus? Wen müssen wir dazu konsultieren?

Konsultation als Mittel zur Entscheidungsfindung ist in Beta das ultimative Leitsystem für gemeinsame Ausrichtung ohne Zwang, für effiziente Nutzung der Weisheit der Vielen. Ganz ohne Entscheidungsfindung durch große Versammlungen oder gar lähmende Mehrheitsentscheidung. **Konsultativer Einzelentscheid ist ideal für Beta-Organisationen:** Wenn Entscheidungen nur ein Team betreffen, wird die Konsultation innerhalb des Teams obligatorisch sein. Wenn die gesamte Organisation oder mehrere Teams betroffen sind, ist Konsultation aller für das Problem relevanter Akteure erforderlich.

> Permanente Referenzierung auf den Beta-Kodex über die 90 Tage hinweg wird dazu beitragen, Beziehungen und Verbindungen kollektiv neu zu definieren und eine neue Denkweise in der Organisation zu etablieren.

Disziplinierte Praxis

Im Zeitraum zwischen dem ersten und dem zweiten OpenSpace Meeting können Teams mit Methoden und Mustern üben – innerhalb der „Gummibänder" der Beta-Kodex-Prinzipien.

Angesichts der Anzahl misslungener oder fehlgeleiteter Change-Initiativen in der Organisationswelt der letzten Jahrzehnte ist es leicht zu verstehen, wenn Menschen OpenSpace Beta zunächst mit einer gewissen Skepsis und mit Zweifeln begegnen werden. OpenSpace Beta ermöglicht Akteuren und Teams, mit Flips (also durch bedachte Interventionen am System) die Organisation weiterzuentwickeln und durch eigenes Lernen persönlich zu wachsen. Sobald Teams erkennen, dass bestimmte Praktiken, die sie anwenden, tatsächlich funktionieren, schwinden die Vorbehalte langsam und Teams werden ihr Leistungsniveau steigern.

Disziplinierte Praxis ist der Schlüssel für kontinuierliche Verbesserung im gesamten Unternehmen. Um tief greifende Veränderungen herbeizuführen, muss die oder der Einzelne seine Arbeitsweisen ändern, und sie oder er wird dies vor allem dann konsequent tun, wenn sich das System der Organisation ändert. Sobald wir in das System eingreifen, ändern sich auch Verhaltensweisen. Entscheidend ist: **Menschen widersetzen sich nicht der Veränderung, sondern sie reagieren auf unzulängliche Change-Methoden.** Transformationaler Wandel kann sowohl mit Unsicherheit als auch mit Enthusiasmus behaftet sein. Daher sollte Zögern und Skepsis einerseits, Begeisterung und stürmischem Aktionismus andererseits jeweils entsprechend begegnet werden: niemals durch Schuldzuweisung, sondern stets durch Klärung, Kommunikation, Konsequenz. Und durch kohärente Arbeit am Kontext bzw. am System.

Während sich die Akteure an das veränderte System anpassen und herausfinden, wie in dieser veränderten Umgebung gearbeitet wird, lernen sie neue Spielregeln kennen und wenden diese an. Disziplinierte Praxis hilft beim Lernen, aber nichts wird als dauerhaft oder als „in Stein gemeißelt" betrachtet: Änderungen am System und neue Praktiken müssen sich erst als erfolgreich erweisen. Das Üben kann für eine bestimmte Zeit in sicheren Rahmenbedingungen betrieben werden.

{ Bei OpenSpace Beta geht es nicht darum, „neues Zeug" einzuführen, sondern darum, geeignete Methoden konsequent anzuwenden. }

Unmittelbare Erfahrung

In OpenSpace Beta werden sachliche Reflexion und die Überprüfung direkter Erfahrung innerhalb der Beta-Prinzipien und -Praxis über Spekulationen, Hörensagen, Befindlichkeitsdebatten und Meinungsverschiedenheiten gestellt. Dies hat einen einfachen Grund: In der Zeit, die wir mit Diskussion über die relativen Vorzüge eines bestimmten, noch nicht erprobten Ansatzes verbringen, hätten häufig schon mehrere Runden praktischen Übens absolviert und unmittelbare praktische Ergebnisse erzielt werden können.

Mit anderen Worten, neue Praktiken werden häufig besser nach disziplinierter Vorbereitung „in praxi" erlebt, als vorab monatelang analysiert und lediglich abstrakt diskutiert.

Während der 90 Tage zwischen den beiden OpenSpace Meetings werden die Teilnehmenden ermutigt, so viele Flips wie möglich und so viel reflektiertes, diszipliniertes Üben von Beta-Mustern wie möglich durchzuführen. Dies befördert kontinuierliches Lernen und eine kontinuierliche Verbesserung für das Unternehmen als Ganzes.

Beta beruht auf der Annahme, ja dem Menschenbild, dass die meisten Menschen sich innerhalb des OpenSpace Beta-Übergangsrituals als Problemlöser verhalten werden. Sie sind „prinzipiell willig" und bereit, sich in hohem Maße zu engagieren; sie entdecken und erproben Lösungen auch für schwierige Probleme. Während der 90 Tage sollten sie konkrete Erfahrungen aus disziplinierter Praxis über ausfernde Spekulationen bezüglich Gefühlen, Befindlichkeiten, Annahmen und erwarteter Ergebnisse stellen.

Unmittelbare Erfahrung wird während der periodischen OpenSpace Meetings „verarbeitet und vergemeinschaftet". Während dieser Veranstaltungen haben die Teilnehmenden die Möglichkeit, ihre Gedanken, Ideen und Bedürfnisse bezüglich der praktischen Anwendung von Beta-Mustern, Beta-Prinzipien und -Praktiken auszudrücken und zu teilen. Es geht darum, gemeinsam herauszufinden, wie die Beta-Transformation am besten vorangetrieben werden kann.

{ Nichts inspiriert mehr, als reale Probleme zu lösen und die Ergebnisse zu sehen. }

Machtträger in Aktion

Es gibt drei Arten von Machtträgern in Organisationen. Formell autorisierte Manager werden ernannt oder sind „beauftragt". Beeinflusser (diejenigen, die über Macht innerhalb der informellen Struktur verfügen) und Reputationsträger (diejenigen, die über Macht innerhalb der Wertschöpfungsstruktur verfügen) dagegen „zeigen sich".

- **Formell autorisierte Manager, also Akteure mit Machtbefugnissen in Formeller Struktur, achten auf die Einhaltung gesetzlicher Vorgaben und Bestimmungen.** Sie versuchen Engagement, Fortschritt, Verantwortlichkeit und formelle Autorisierung der Personen, die die Arbeit verrichten, zu kontrollieren, indem sie sich formeller Strukturelemente, wie Prozessen, Dokumentationen, Verträgen, Compliance-Richtlinien und Kommunikationsformaten, bedienen.

- **Beeinflusser oder diejenigen, die über Macht in Informeller Struktur verfügen,** achten und reagieren auf Bedürfnisse der Menschen, damit sich diese der Organisation zugehörig fühlen. Sie beeinflussen Engagement, Fortschritt, Verantwortlichkeit und informelle Autorisierung der Akteure in der Organisation, indem sie informelle oder soziale Strukturelemente, wie Narrative, Gruppendynamiken und Beziehungen, nutzen. Hier entsteht Meinungsbildung.

- **Reputationsträger, die über Könnermacht in der Wertschöpfungsstruktur verfügen,** sichern die zukünftigen Ergebnisse der Organisation, indem sie auf die Arbeit und den Wertschöpfungsfluss einwirken und komplexe Probleme innerhalb von Arbeitsabläufen und Projekten lösen. Reputationsträger oder Könner ermöglichen der Organisation, versteckte Potenziale zu heben. Durch Einwirkung auf Wertschöpfungsfluss und Teamdynamik beeinflussen sie Engagement, Fortschritt, Verantwortung und Autorisierung innerhalb der Organisation. Hier kommen Konzepte aus OpenSpace Beta wie Direkte Erfahrung, Wertschöpfungsstärkung und Üben von Beta-Team-Mustern zum Tragen.

Organisationales Lernen und Innovation offenbaren sich in „emergenter Führung", sobald Akteure Initiative ergreifen und Verantwortung für Teamergebnisse übernehmen. In verlässlichen Verhältnissen, wie OpenSpace Beta sie durch verschiedene Strukturelemente des Rituals des Übergangs erzeugt, kann Wertschöpfung leichter verbessert werden als in einer Alpha-Organisation.

All diejenigen, die Macht innerhalb der drei Strukturen der Organisation inne haben, spielen eine Rolle bei der Förderung emergenter Führung:

- **Engagement:** Damit emergente Führung entsteht und Menschen mehr Verantwortung für die Organisations- und Teamergebnisse übernehmen, müssen sie dazu eingeladen werden. OpenSpace Beta reduziert systematisch das Risiko, „sich zu zeigen" und gibt so Gelegenheit dazu, Verantwortung zu übernehmen. Im Teamkontext und darüber hinaus.
- **Fortschritt:** In OpenSpace Beta kann Fortschritt nicht nur durch Messung von Ergebnissen, sondern auch anhand von Narrativen über Initiativen, der Entfaltung von Beta-Mustern, sowie über direkte Lernerfahrungen beobachtet werden. Formell autorisierte Manager müssen, unabhängig von den reinen Ergebnissen, Narrative über Lernen teilen und zelebrieren. Beeinflusser müssen miteinander in Verbindung treten und diejenigen, die Verantwortung übernehmen, stärken. Akteure mit Könnerschaft müssen diejenigen unterstützen, die mehr lernen und mehr Könnerschaft entwickeln wollen: Sie müssen sich als „Meister" betätigen.
- **Verantwortung:** Reputationsträger treten hervor, weil sie ihre Ausrichtung auf den Unternehmenszweck, ihre eigene Autonomie und ihre Meisterschaft schärfen wollen. Sie sagen Dinge wie: „Ich will, dass es tatsächlich passiert!" Diese Akteure mit Könnerschaft fühlen sich dem betrieblichen Zweck und der Autonomie und Leistungsfähigkeit ihres Teams verpflichtet, indem sie Lernen fördern. Formell autorisierte Manager können diese Verantwortungsbereitschaft durch Verträge und Vereinbarungen bestärken. Beeinflusser fühlen sich für Beziehungen in der Verantwortung und können diese für Veränderung und Wertschöpfung nutzbar machen.
- **Autorität:** Formell autorisierte Manager autorisieren Arbeit im und am System, wodurch Bedingungen für Wertschöpfung und Veränderung geschaffen werden. Beeinflusser tun dies, indem sie Veränderungen, Vereinbarungen und Gestaltungsräume für Üben und Flippen sozialisieren. Reputationsträger erhalten Autorität, indem sie Verantwortung für die Arbeit und Ergebnisse übernehmen und auf Realität des Marktzugs reagieren. Emergente Führung ermächtigt jede und jeden, Verantwortung zu übernehmen und wichtige Entscheidungen zu treffen. Die Verantwortung muss innerhalb Formeller, Informeller und Wertschöpfungsstruktur autorisiert werden: „Du darfst Verantwortung für diese Initiative übernehmen" – diese Einladung kann angenommen oder abgelehnt werden.

Absichtsvolles Storytelling

Ein Teil der Kultur einer Organisation wird durch die Geschichten ihrer Mitarbeitenden geschaffen und durch diese sichtbar. Narrative über Vergangenheit, Gegenwart und Zukunft helfen, eine kohärente oder inkohärente Erzählung darüber zu kreieren, wer und wie die Organisation ist. Die Identität der Organisation erhält durch das Erzählen und Nacherzählen von Narrativen Gestalt.

Wenn sich eine Organisation und ihre Mitarbeitenden im Wandel befinden, dann steigt der Bedarf an sinngebenden Narrativen. Denn in Veränderungssituationen entstehen Interpretation und Raum für Interpretation. Um diese Interpretationen ranken sich „Geschichten" oder „sinngebende Erzählungen". **Wir können nicht nicht interpretieren!**

Menschen blicken insbesondere in Veränderungssituationen zu denjenigen, die über verschiedene Formen von Macht verfügen, in der Erwartung, dass diese den Raum der Veränderung mit frischen Narrativen füllen. Wenn Formell autorisierte Manager, Beeinflusser oder Reputationsträger keine kohärenten Erzählungen über die Veränderung liefern, werden andere Organisationsmitglieder oder Stakeholder selbst Geschichten „erfinden", um die erlebten Veränderungen für sich einzuordnen und ihnen Sinn zu verleihen.

Wenn Narrative als Reaktion oder gar als Reflex und nicht aus konstruktiver Absicht heraus generiert werden, können diese Geschichten das Thema der Veränderung unterstützen oder eben auch nicht. In diesem Fall riskiert die Organisation, eine Dynamik zu entfalten, die auf willkürlichen, inkohärenten Geschichten basiert, die nicht mit den Zielen der Transformation übereinstimmen. Dies schafft völlig unnötige und kontraproduktive Ebenen von Verwirrung und Ablehnung.

Mit anderen Worten: Tut man es nicht selbst und ganz bewusst, dann füllen andere das Vakuum mit ihren Narrativen. Und diese Erzählungen sind nicht notwendigerweise konstruktiv oder förderlich! Diejenigen, die über Macht (bzw. Mächte) innerhalb des Unternehmens verfügen, können diese Lücke mit bewusstem Erzählen von Geschichten und bewusst generierten Narrativen füllen. Erfolgreiche organisatorische Veränderungen entstehen, wenn der Zweck der Veränderung durch ein stimmiges Storytelling von Formell autorisierten Managern, Beeinflussern und Reputationsträgern kommuniziert wird. Das Storytelling beginnt bereits vor dem ersten OpenSpace-Event! Es setzt sich über das Üben mit Beta-Mustern und OS 2 bis in die Resonanzzeit fort.

Vergangenheit, Gegenwart und Zukunft in Narrativen

Positive Geschichten über die Vergangenheit zu erzählen, würdigt die Menschen, die an früheren Erfolgen beteiligt waren. Indem Stärken aus der Vergangenheit, die eine Bedeutung für heutige positive Ergebnisse haben können, identifiziert werden, entsteht kohärente, wertvolle Erzählung. **Da alle Veränderung in der Gegenwart geschieht, können hier Geschichten über diszipliniertes Üben, Flippen und Lernen im Jetzt geteilt werden: Wer versucht was, und was ist das Ergebnis?** Diese Geschichten sprechen von die Natur des Wandels, indem sie sinnhafte Einordnung gegenwärtigen Lernens und Übens erlauben. **Geschichten über die Zukunft können wir als Visionen bezeichnen.** Diese Narrative können aufzeigen, wie gegenwärtigen Aktivitäten zu zukünftigen Arbeitsweisen, Erfolgen und Wirkungen führen werden.

Sinnstiftende Erzählungen über Vergangenheit, Gegenwart und Zukunft zu teilen, hilft dabei, eine zusammenhängende Geschichte der Veränderung innerhalb des Rituals des Übergangs entstehen zu lassen. **Durch Deutungsangebote („Framing") und Verhalten können Akteure Geschichten über organisatorische Veränderungen generieren.** Was auch immer insbesondere Formell autorisierte Manager sagen und tun, oder durch ihr Handeln ausdrücken, bewusst oder unbewusst – vom Rest der Organisation wird es mit Bedeutung aufgeladen. Um die Glaubwürdigkeit von Narrativen zu stärken, müssen sich jene, die über Macht in den drei Strukturen der Organisation verfügen, absichtsvoll so verhalten, wie es den Veränderungnarrativen entspricht. Weiterverbreitung der Geschichten überlassen sie denjenigen, die sie aufgreifen wollen.

Wir navigieren mit Zeichen und Signalen durch die Welt. Diejenigen in einer Organisation, die über Macht verfügen, senden ständig Signale darüber aus, „wo wir stehen und wohin wir gehen". Auch wenn sie selbst sich dessen oft nicht bewusst sind. In OpenSpace Beta sollten Machtträger in Aktion daher bewusst mit eigenen Signalen umgehen und lernen, Signale bewusst zu senden: Menschen prägen und verbreiten mit Verve und Leidenschaft Narrative über das Verhalten der Machtträger in Aktion!

{ Durch absichtsvolles, bewusstes Storytelling schlagen organisatorische Interventionen Wurzeln. Narrative verfestigen sich zu Wahrheiten und entfalten so maximalen Einfluss auf kommunikative Muster und auf das System selbst. }

Teil 7

OS 2: Beenden

(Prüfen!)

Konzepte, Kontext, Aufgaben

In dieser Phase geht es darum, die Beta-Transformation aus den 90 Tagen abzuschließen und die gesammelten Erfahrungen zu überprüfen, zu besprechen sowie deren Bedeutung zu klären.

Konzepte

- Vorbereitung und Durchführung des zweiten OpenSpace Meetings
- Neues Thema und Einladung
- Klärung: Was sollte die Organisation als Nächstes tun?

Kontext

- Die Akteure haben bereits ein OpenSpace Meeting erlebt, und wissen nun, was sie von OS 2 und dem hohen Niveau von Selbstorganisation in OpenSpace zu erwarten haben.
- Teams haben durch das Üben mit Beta-Mustern über 90 Tage hinweg Gelegenheit gehabt, direkte Erfahrungen sammeln zu können.
- Sie haben erlebt, was funktioniert hat und was nicht, und haben gelernt, wie sie ihr Handeln zunehmend am Beta-Kodex entlang ausrichten können.
- Die Zeit wird knapp. Bald werden die Coaches weg sein. Es wird Zeit für Teams, stärker eigenständig zu arbeiten, selbst zunehmend Verantwortung zu übernehmen.
- OS 2 dient als ein Ritual des Übergangs, durch das ein aktuelles Lernkapitel abgeschlossen wird und ein neues Kapitel beginnt.

Aufgaben

- Erarbeitung des Themas für OS 2
- Entwerfen und Versenden der Einladung für OS 2
- Abhalten von OS 2 und Erarbeitung der Protokolle

Thema
& Einladung für OS 2

Thema und Einladung sind entscheidende Komponenten bei der Gestaltung und Vorbereitung eines jeden OpenSpace Meetings. So auch bei OS 2. Im Vorfeld von OS 1 wurde in der Einladung eine Einführung in OpenSpace, die Beta-Transformation und das Thema sowie die Bedeutung der Beitrittsentscheidung gegeben. **Der Akzent der Einladung zu OS 2 kann ein wenig anders sein. Denn OS 2 fungiert als organisationsweite Retrospektive.**

Gegen Ende der 90 Tage des Übens von Beta-Mustern sehen die Organisationsmitglieder OS 2 nahen. Im Allgemeinen werden diejenigen, die daran teilnehmen wollen, gut auf dieses zweite OpenSpace Meeting vorbereitet sein. Die Akteure werden die Veränderungsarbeit, die sich in den letzten 90 Tagen ereignet hat, die Erinnerungen zu Flips und deren Wirkungen frisch im Bewusstsein haben. Alle wissen von den Protokollen aus OS 1: wie schnell diese veröffentlicht wurden und wie zügig daraufhin gehandelt wurde. Aktives, bewusstes Storytelling der letzten 90 Tage hat den laufenden Prozess des „Übens – Flippens – Lernens" bekräftigt und unterstützt. Es gibt mittlerweile ein Bewusstsein für die schwierigsten Hindernisse, denen sich die Organisation noch gegenübersieht, und für die Notwendigkeit kontinuierlicher Verbesserung. Die Akteure sind sich der Begrenzung der zeitlichen begrenzten Verfügbarkeit der Coaches bewusst. Die Zeit wird knapp.

Der Zeremonienmeister kann den Sponsor bei der Erstellung des Themas und der Einladung für OS 2 unterstützen. Zeremonienmeister und Coaches werden ihre Taktik ändern und auf mehr Tempo bei der Bearbeitung noch offener Aufgaben drängen. **Je näher OS 2 rückt, desto direkter, deutlicher werden sie kommunizieren, sie werden zu stringenteren Verhaltensweisen raten.** Ihre Rollen im OpenSpace Beta-Kapitel werden bald enden. Sie können ihre Rhetorik „schärfen". Der Sponsor wird ähnlich verfahren.

OS 2 wird im Vergleich zu OS 1 als weniger neuartig erlebt. Tendenziell zieht dieses Meeting weniger Teilnehmende als OS 1 an. Diejenigen, die teilnehmen, dürften jedoch besser vorbereitet und dazu bereit sein, klar identifizierte Probleme mit großer Konzentration und mit hohem Engagement anzugehen.

{ Das Thema von OS 2 muss noch kantiger und klarer sein als das von OS 1, um die Entwicklung zu fokussieren. }

Zweites OpenSpace Meeting (OS 2)

Das OS 2 Meeting ist ein wichtiger Moment des Innehaltens und des nachdenklichen Diskurses: Es ist eine große Retrospektive. Während dieser Veranstaltung inspiziert die Organisation die Ergebnisse der letzten 90 Tage des Übens mit Beta-Mustern. Jene Praktiken oder Methoden, die nicht eindeutig funktionieren, werden auf Grundlage der Diskussionen in OS 2 angepasst, korrigiert oder gar verworfen.

Das zweite OpenSpace Meeting wird sich von OS 1 in mancherlei Hinsicht unterscheiden:

- Fast alle wissen bereits, wie OpenSpace funktioniert. Der ursprüngliche Neuigkeitscharakter des OpenSpace-Formats selbst spielt keine große Rolle mehr.
- OS 2 ist nicht nur eine nach vorn gerichtete Veranstaltung, sondern auch eine Retrospektive.
- Jede und jeder hat beobachtet und erlebt, wie sich Formell autorisierte Manager nach OS 1 und während der 90 Tage verhalten haben.
- Einige der möglicherweise ablehnenden Akteure sind inzwischen zu Unterstützern geworden. Einige zuvor indifferente Organisationsmitglieder unterstützen jetzt die Beta-Transformation.
- Jede und jeder hat eine recht gute Vorstellung davon, wo alle anderen stehen, wenn es darum geht, Beta-Muster zu üben.
- Sicher wurden leicht zu entfernende Hindernisse während der 90 Tage beseitigt, aber einige sehr heikle Probleme sind bestehen geblieben.
- Diejenigen, die es verstehen „mit dem System zu tanzen" werden sich vereinbaren. Sie werden sich untereinander darüber abstimmen, wie man beim OS 2 Meeting am besten „bewusst gestaltend" teilnimmt.

Dies darf bei OS 2 erwartet werden:

- Eine insgesamt geringere Präsenz. Zu OS 1 kamen auch einige „Schaulustige". Diese neigen eher dazu, an OS 2 nicht teilzunehmen.
- Die Themen bei OS 2 werden sich in der Regel auf einige wenige große Probleme konzentrieren – u.a. auf Barrieren, die bisher die nächste Stufe

des Fortschritts der Beta-Transformation verhinderten.

- Die Coaches verlassen zumindest vorläufig und bis auf Weiteres die Organisation.

Im Zusammenhang mit OpenSpace Beta besteht das Ziel von OS 2 und der folgenden Resonanzzeit darin:

- eine Bestandsaufnahme des Lernens durchzuführen,
- das Gelernte zu integrieren und ihm einen Sinn zu geben,
- lange genug zu pausieren, um das Gelernte zu stabilisieren – und dadurch die Grundlage für weiteres Lernen und weitere Arbeit an der Organisation zu schaffen,
- Blockaden zu eliminieren und Beta-Muster weiter zu vertiefen – eigenständig und ohne externe Begleitung.

Hindernisse für eine kontinuierliche Verbesserung werden in der Regel bei diesem Meeting klar identifiziert und diskutiert. Insofern verleiht OS 2 den Organisationsmitgliedern auch ein erneutes Mandat zum Handeln während der folgenden Resonanzzeit.

Das OS 2 Meeting wird über eine hohe Konzentration an Menschen verfügen, die sich wirklich um ständige Verbesserung und um deutlich bessere Leistung bemühen. Die Akteure, die an OS 2 teilnehmen, sind insbesondere jene, die den sehr offenen Ansatz und die guten Ergebnisse von OpenSpace Beta schätzen und die vor dem Hintergrund dessen, was in den 90 Tagen passiert ist, „jetzt noch deutlich mehr Beta" wollen.

{ In OS 2 wird klar, was möglich ist – und was noch nicht. }

Tag 1 & 2: Beitrittsmeeting

Das zweite OpenSpace-Meeting (OS 2) bietet Gelegenheit dazu, weitere konkrete Flips zu definieren und in der folgenden Resonanzzeit auszuführen. Der Kreis der Teilnehmenden hat während der 90 Tage Beta-Muster geübt. Die Gruppe als Ganzes kennt die Themen, die in der Luft liegen, sowie die Chancen und Potenziale, die eine Beta-Organisation bietet. Jedes einzelne Mitglied der Organisation hat an dieser Stelle eine gute Vorstellung davon, wer den Veränderungsprozess derzeit unterstützt – und wer nicht.

Aus diesen Gründen kann und darf OS 2 ein längeres Meeting sein. Eine eineinhalb- oder zweitägige Veranstaltung bietet Zeit und Raum, um Probleme sauber zu identifizieren, Probleme zu lösen und Maßnahmen zu vereinbaren. Andererseits ist ein Vorbereitungstag wie im Anschluss an OS 1 diesmal nicht erforderlich, da Infrastruktur für Zeitlich kontrolliertes Flippen bereits existiert.

Bei OS 2 geht es darum, Fokus, Absichten und Ergebnisse zu schärfen. Es geht darum, offene Fragestellungen der Beta-Transformation detaillierter und tiefer zu bearbeiten – alles auf Basis der gewonnenen Erkenntnisse und Erfahrungen der vergangenen 90 Tage. Damit wird jetzt die Bearbeitung von durchaus schwierigen Fragestellung ermöglicht – es können Entwicklungshindernisse oder Systemeigenschaften adressiert werden, die vor OS 1 gar nicht kollektiv bearbeitbar waren.

Eine gute Möglichkeit, OS 2 anzulegen, besteht darin, am Nachmittag des ersten Tages zu starten und einen ganzen zweiten Tag lang weiterzuarbeiten. Dieser etwas längere Zeitraum als bei OS 1 erlaubt, für die Bearbeitung der dringendsten und kritischsten Themen die notwendige Energie zu erzeugen und Momentum für Durchbrüche zu schaffen.

Der Facilitator muss entscheiden, ob es sinnvoll ist, die zeitliche Länge der Sessions zu erhöhen, um anspruchsvolleren Sessionthemen gerecht zu werden. Sessions können bei OS 2 durchaus eine Zeitdauer von 120 Minuten haben. Der Sponsor sollte erneut signalisieren, dass die Gruppe über die Berechtigung („Autorität") verfügt, um die Beta-Transformation weiterzuführen.

{ OpenSpace 2 macht Ergebnisse aus den 90 Tagen sichtbar und erlebbar. Das führt zu höherer Konsequenz: Die Arbeit am System wird fokussierter. }

Protokolle aus OS 2

Die Protokolle für das zweite OpenSpace Meeting (OS 2) erfüllen viele der gleichen Funktionen wie die Protokolle von OS 1 und erfordern größtenteils die gleiche Unterstützung.

Es gibt jedoch einige Unterschiede:

- Die Teilnehmenden sind inzwischen mit den Prinzipien und Mechanismen des Prozesses vertraut und benötigen weniger Anleitung und Unterstützung.
- OS 2 hat zumeist eine geringere, aber entschlossenere Teilnehmerschaft. Diejenigen, die teilnehmen, zeigen regelmäßig ein höheres Maß an Engagement und Fokus.
- Die Themenliste wird kürzer ausfallen und sich in der Regel auf die größten Hindernisse und Beeinträchtigungen einer leistungsfähigen und lernenden Organisation konzentrieren.
- Ein Vorbereitungstag ist nicht mehr erforderlich, da die Infrastruktur für Zeitlich kontrolliertes Flippen bereits steht. Ein Sichtungstreffen für die Protokolle aus OS 2 kann dennoch stattfinden. Allerdings ohne Externe: Die Rolle von Zeremonienmeister und Coaches endet mit OS 2 für 30 Tage.
- Die Protokolle aus OS 2 sind ein reichhaltiger Fundus für geschärfte Rhetorik der Machtträger in Aktion während der Resonanzzeit: Anhand dieser Protokolle können Sponsor und Formell autorisierte Manager auch aufwendige und anspruchsvolle Flips bearbeiten, die mit Compliance und mit externen Stakeholdern zu tun haben.

Nach OS 2 wird sich eine fokussierte und engagierte Dynamik zwischen einer möglicherweise neuartigen Konstellation von Machtträgern in Aktion entfalten.

All dies muss passieren, damit eine Organisation im großen Spiel der Beta-Transformation „um ein (Spiel-)Level aufsteigen" kann.

{ Die Protokolle aus OS 2 werden inhaltlich anspruchsvoller und komplexer sein als diejenigen aus OS 1.
Qualität zählt an diesem Punkt mehr als Quantität. }

Teil 8

30 Tage: Resonanzzeit

(Reifen!)

Konzepte, Kontext, Aufgaben

In dieser Phase geht es darum, die Erfahrung und das Lernen aus dem OpenSpace Beta-Kapitel zu vertiefen und die bisherige Transformationsarbeit zu verdauen.

Konzepte
- Das Lernkapitel endet. Ein anderes mag beginnen.
- Verhalten wird reflektiert, geprüft und angepasst.
- „Wiederkehrender OpenSpace" wird möglich.

Kontext
- Dieses Kapitel des organisationalen Lernens ist abgeschlossen. In OS 1 traten die bestehenden Probleme hervor. Formell autorisierte Manager, Reputationsträger und Beeinflusser sowie Teams arbeiteten an diesen praktischen Problemen. Teams wurden während dieses definierten Zeitfensters autorisiert zu üben, zu flippen und zu lernen.
- Die engagiertesten Akteure besuchten OS 2 und identifizierten verbleibende große Probleme. Führungskräfte werden auf Basis der Protokolle aus OS 2 handeln und Teams ermächtigten, daran weiterzuarbeiten.
- Die Organisationsmitglieder haben Selbstorganisation und -kontrolle erlebt. Sie erfahren jetzt gemeinsam erarbeiteten Fortschritt und können ein neues Niveau der gemeinsamen Leistungsfähigkeit erreichen sowie gemeinsam weitere Verbesserungen realisieren.

Aufgaben
- Die Rollen von Zeremonienmeister und Coaches enden.
- Das OpenSpace Beta-Kapitel wird reflektiert.
- Der nächste, wiederkehrende OpenSpace wird, soweit gewünscht und angemessen, vorbereitet.

Resonanzzeit
(30 Tage)

Das zweite OpenSpace Meeting ist eine Abschlussveranstaltung. Sie legt die Grenze zwischen dem vorherigen Kapitel des organisationalen Lernens und dem potenziell darauf folgenden Kapitel fest. Es ist ein Signal-Event im organisationalen Ritual des Übergangs. **Die Periode nach OS 2 ist eine Zeit für die Organisationsmitglieder, das Gelernte aus OS 1, vom „Üben – Flipping – Lernen" und OS 2 zu integrieren und zu vertiefen.** Es ist eine Zeit, um über das Gelernte weiter nachzudenken, Ergebnisse weiter zu überprüfen, Verhalten zu justieren und anzupassen. Es ist auch eine Zeit für weitere Flips und weiteres Üben.

Wir nennen die nun beginnenden 30 Tage die Resonanzzeit. Die Coaches verlassen die Organisation nach OS 2 für mindestens diese Zeit. Dadurch wird eine intensive Wahrnehmung des gemeinsamen Lernfortschritts gefördert. Das Gelernte darf sich etablieren und festigen. Alles Erreichte wird in Selbstverantwortung als eigene Leistung wahrgenommen. Dies ist wichtig für die nachhaltige Akzeptanz und die dauerhafte Wirkung der Beta-Transformation.

Damit das Ritual des Übergangs als insgesamt positiv eingeordnet werden kann, muss die Organisation auf ein neues, höheres Niveau der Leistungsfähigkeit gelangen. Es ist prinzipiell in Ordnung, wenn die Beta-Transformation beim bislang erreichten Niveau verbleibt. Aber es kann sich zusätzliches Momentum entfalten. Dies ist ein guter Zeitpunkt, um einige Fragen zu stellen:

- Wie schnell haben Akteure auf der Grundlage der Protokolle von OS 1 und OS 2 gehandelt – und warum?
- Wurden wesentliche Änderungen am Organisationsmodell vorgenommen und bedeutsame Fortschritte gemacht? Warum?
- Was sind die Ergebnisse der ersten 90 Tage der Praxis und des Übens mit neuen Beta-Mustern?
- Wie haben sich Bewusstsein und Handlungsspielräume von Teams und in der Organisation verändert?
- Welche Sorte von Maßnahmen wurden ganz ohne Ansporn des Zeremonienmeisters oder der Coaches durchgeführt?
- Gibt es Kollegen, die sich mit der neuen Art des Arbeitens nicht identifizieren und versöhnen können – und welcher Art von Konsequenzen bedarf es nun, zum Ende des Kapitels?
- Haben die Teams gelernt, ihre Praktiken so zuzuschneiden, dass sie ihre Arbeit im Einklang mit dem Beta-Kodex verbessern konnten?
- Haben sich neue Machtträger in Aktion für die Beta-Transformation hervorgetan oder neue personelle Konstellationen ergeben?

Energie, fokussierte Aktion und erhöhtes Momentum

Schauen wir noch einmal kurz zurück. Während in den 90 Tagen das zweite OpenSpace Meeting näher rückt, setzt eine Art Endspurt ein: Akteure sind energiegeladen und bereit, zu handeln. Die Arbeit wird konzentrierter und fokussierter. Der Diskurs während OS 2 ist zumeist sachlicher, ernsthafter und stärker fachlich getrieben als der in OS 1. OS 2 ist also die Zeit und der Ort, um ein noch höheres Maß an Selbstverpflichtung und Engagement zu fördern.

Kluge Formell autorisierte Manager können diese Energie nutzbar machen und konstruktiv verstärken, indem sie Themen ansprechen und bewusst machen, in denen Potenzial zur Vertiefung von Beta liegt. OS 2 ist typischerweise durch drei oder vier „große" Problemfelder, die im Weg stehen oder gelöst werden müssen, geprägt. Der Bedarf an weiteren Handlungen wird sichtbar und zwischen Teilnehmenden vergemeinschaftet. Es ist wahrscheinlich, dass die Organisationshygiene fortgesetzt werden muss. Sponsor, Zeremonienmeister und OpenSpace Facilitator können im Zusammenspiel Verhältnisse dafür schaffen, dass in OS 2 maximal fokussierte Ergebnisse entstehen.

Der ideale Zustand der Organisation nach OS 2 ist folgender:

- Die Teilnehmenden an OS 2 konnten die wichtigsten Themen, die unmittelbar Anlass zur Sorge geben, eindeutig identifizieren.
- Jedes Problem hat einen Meister, der Leidenschaft und Verantwortung mitbringt, um die Aufgabe anzugehen und zu lösen.
- Jedem aufwendigen Problem ist ein breiter angelegtes Team zugeordnet, das sich einbringt, um bei der Lösung zu helfen.
- In jedem Thema haben Meister und Team eine klare Übereinstimmung darüber, wer was tut, um das Problem in der Folge von OS 2 anzugehen.

In einer wirksamen Beta-Transformation beginnt sich das System an diesem Punkt gewissermaßen auf eine „neue Resonanz" einzuschwingen: Die Realität der Beta-Organisation wird „selbstverständlich". Das kann bereits während der 90 Tage passieren, wahrscheinlich aber wird dies erst später eintreten. Wenn dies geschieht, dann neigen viele Hindernisse dazu, ganz zu verschwinden, da diejenigen Akteure, die die Beta-Transformation nicht wirklich oder nur halbherzig unterstützt haben, erkennen, dass sich während des OpenSpace Beta-Rituals des Übergangs „mehr als nur ein paar Dinge" verändert haben.

Das Organisationssystem verhält sich dann ähnlich einem Resonanzkörper: Es schwingt sich in neuer Resonanz ein. Dabei entsteht erhöhtes Momentum, das wiederum benötigt wird, um in der Folge weiter mit der Beta-Transformation voranzukommen. Die Zeit wird reif für „noch mehr Beta". Für „deutlich mehr Leistungserhöhung" und eine höhere Qualität der Wertschöpfung.

{ Zu Beginn der 90 Tage kann niemand garantieren, welche Ergebnisse entstehen werden. Garantiert ist: Es findet Klärung statt! In der Resonanzzeit dagegen kann jeder erahnen, was unter den gegebenen Verhältnissen möglich ist. Und was nicht. }

Coaching-Rolle endet

Eine der Kernideen von OpenSpace Beta ist: Menschen arbeiten gerne eigenverantwortlich. Erlebter Fortschritt und das Gefühl von Eigenverantwortung erzeugen positive Resonanz in Einzelnen und in Teams. Bei üblichen Change-Initiativen können dieselben Berater, Trainer, Coaches ein Team oder eine Organisation über Jahre hinweg betreuen. Dies wird zu einem Hindernis für Teams und die ganze Organisation. Die permanente Nutzung externer Begleiter kann sogar zum Erlernen organisationaler Hilflosigkeit führen.

OpenSpace Beta ist anders. Wir bezeichnen ein Lernsegment mit zwei Open-Space Meetings als Kapitel. Jedes Kapitel dient der Erzeugung konkreter Lernfortschritte. Kein Kapitel gleicht dem anderen, das Niveau der Selbstorganisation muss von Kapitel zu Kapitel steigen. Die Rolle externer Begleiter, die wir Zeremonienmeister und Coaches nennen, muss sich also ebenfalls zwischen den Kapiteln ändern. Selbst wenn es sich bei den Begleitern um die gleichen Personen handelt.

Es ist wichtig, dass die Bedeutung der Rolle der Coaches mit jedem Kapitel abnimmt. Die Verringerung der Autorität der externen Begleiter hat sowohl einen symbolischen als auch einen praktischen Aspekt. In der Praxis müssen die Teams wissen, dass sie „zügig in die Pötte kommen müssen", wenn sie innerhalb der 90 Tage ein neues Leistungsniveau erreichen wollen. Denn danach sind die externen Begleiter erst einmal weg. Garantiert.

In OpenSpace Beta ist Coaching also streng zeitlich limitiert. In den 30 Tagen nach OS 2 müssen die Coaches für mindestens 30 Tage „von der Bildfläche verschwinden". Durch das Aussetzen der externen Begleitung für 30 Tage und die Schaffung eines kleinen Vakuums ist die Organisation darauf angewiesen, sich ohne Hilfe einer externen Instanz zu bewegen. Die Tatsache, dass sich die Rolle des Coachings ab OS 2 ändert, ist ein wesentlicher Aspekt von OpenSpace Beta. Sie signalisiert, dass die Teams und alle anderen Beteiligten sukzessive mehr und mehr Verantwortung für die Weiterentwicklung der Beta-Transformation übernehmen müssen.

Die Coaches dürfen nicht müde werden zu betonen, dass ihre Rolle nur vorübergehender Natur ist. Coaches unterstützen Formell autorisierte Manager und Teams dabei, selbst in „einen Zustand freistehenden, sich selbst tragenden Betas" zu gelangen. Das bedeutet, sich kontinuierlich verbessern zu können, ohne dass eine externe Autorität ihnen sagt, was sie tun sollen.

Wenn Organisationen Fortschritte beim Flippen machen und wenn sich die Menschen an einen sich verändernden, systemischen Kontext anpassen, wird dabei voraussichtlich ein gewisses Maß an Unterstützung erforderlich sein. Auch die Organisation als Ganzes muss Fortschritt dokumentierbar machen, wenn sie ein Kapitel organisationalen Lernens abschließt und vielleicht ein neues beginnt. Die Coaches wurden im vorigen Kapitel möglicherweise als maßgebliche Personen („externe Reputationsträger") wahrgenommen. Wenn die Coaches ihre Rolle niederlegen, können die Teams nicht anders, als selbstbestimmt zu leisten.

Es können später auch neue Mandate für Coaching erteilt werden: Dieses Coaching im neuen Kapitel kann mit denselben oder anderen Coaches fortgesetzt werden. Der Zweck des Aussetzens des Coaching in der Resonanzzeit besteht jedoch darin, die eigene Arbeit unabhängig von Externen zu bewältigen.

Die OpenSpace Meetings sind wichtige Brauchtümer, Übergangsrituale oder Zeremonien, die Grenzen in Zeit und Erfahrung markieren. Das ist manchen Ritualen nicht unähnlich, die wir aus der Schulzeit kennen: Während wir von Klasse zu Klasse „aufsteigen", kennzeichnen Abschlusszeremonien das Ende jeweils eines Kapitels („Schuljahr") und den Beginn eines neuen. OpenSpace Beta-Kapitel sind halbjährige Kapitel. Mit jedem OpenSpace Beta-Kapitel nimmt die Autorität der Begleiter oder Coaches sichtbar ab. Dies liefert ein periodisches und starkes Gefühl des Fortschritts im gesamten Unternehmen. Ohne diesen Statuswechsel der Coaches würde der Fortschritt im ablaufenden Kapitel betrogen werden – der Übergang „von Jetzt nach Neu" würde entwertet.

{ Die höchste Aufgabe der Coaches besteht darin, Mitglieder der Organisation und Teams zu unterstützen, selbst die volle Verantwortung für ihr Lernen zu übernehmen. }

Höhere Leistungsfähigkeit

Organisationen nutzen OpenSpace Beta stets mit dem Ziel, eine höhere Leistungsfähigkeit und höhere Leistung zu erzielen. Während der Beta-Transformation entsteht Höchstleistung Team für Team.

In OpenSpace Beta wird hinreichend Struktur zur Verfügung gestellt, damit Teams unterschiedliche Beta-Praktiken und -Muster kennenlernen und anwenden können. Teams finden für sich diejenigen Beta-Praktiken, die ihre Leistung befördern und erhöhen.

Sobald Teammitglieder die Macht der autonomen Entscheidungsfindung konkret im Kontext ihrer eigenen Arbeit erleben, beginnen sie, zunehmend Verantwortung für die Leistung ihres Teams und Mitverantwortung für die ganze Organisation zu übernehmen. Dieses verstärkte Engagement wird zu einer noch höheren Leistungsfähigkeit führen.

Wenn hochgradig autorisierte Teams in einer Zellstruktur diesen Erkenntnis- oder Bewusstseinsschritt machen, dann kann die positive Energie ansteckend sein. Sobald dies in einer ausreichenden Anzahl von Teams oder Zellen geschieht, kann weitere Arbeit am System der gesamten Organisation möglich und nötig werden. **Die Rückkopplung zwischen Teamautonomie und organisationalem Flippen hört nie auf. Die Kultur der Organisation wird sich spürbar verändern.**

{ Ernsthaftigkeit, Transparenz und Entscheidungsfreude sind die Zutaten für organisationale Höchstleistung. }

Kapitel-Nachbesprechung

Im Anschluss an die 30-tägige Resonanzzeit besprechen und überprüfen Zeremonienmeister und Sponsor gemeinsam die Ergebnisse und Erfahrungen des gesamten Kapitels. Es erfolgt eine Nachbesprechung („Debriefing-Gespräch") mit dem Ziel, eine Supervision des Rituals des Übergangs insgesamt sicherzustellen.

Dies ist der Moment, in dem subtilere Muster und Paradoxien aus der gesamten Transformations-Erfahrung hinterfragt und vom Sponsor kritisch reflektiert werden sollten. Wir erinnern uns: Damit ein robustes, ausgeprägtes Niveau von Selbstorganisation der Kundenorganisation nicht behindert wird, verlässt der Zeremonienmeister, ebenso wie die Coaches, die Organisation im Anschluss an OS 2. Während der 30 Tage der Resonanzzeit findet Kommunikation zwischen Zeremonienmeister und Sponsor nur im Ausnahmefall statt. Das Kapitel-Debriefing nach den 30 Tagen schließt nun die Rolle des Zeremonienmeisters innerhalb des OpenSpace Beta-Kapitels ab. Auf Basis der Nachbesprechung kann der Zeremonienmeister dem Sponsor und ggf. Formell autorisierten Managern möglicherweise Rat für das weitere Vorgehen geben.

Im Kapitel-Debriefing selbst sollten folgende Themen und Aspekte zur Sprache kommen:

- Muster aus den 90 Tagen sowie den 30 Tagen der Resonanzzeit. Welche Muster sind verschwunden, welche neu entstanden – und was bedeutet das?
- Dynamiken und Energieniveaus vor und nach dem OpenSpace Beta-Kapitel – innerhalb der Organisation und in verschiedenen Teilen davon.
- Empfehlungen für die weitere Arbeit am System und Dokumentation weiterer möglicher Maßnahmen zur Steigerung der Wertschöpfung.
- Persönliche Erkenntnisse des Sponsors.

Teil des Kapitel-Debriefings kann neben dem Vier-Augen-Gespräch zwischen Sponsor und Zeremonienmeister eine zusätzliche Nachbesprechung mit einer Gruppe Formell autorisierter Manager sein.

> **Was haben wir im gesamten OpenSpace Beta-Kapitel gelernt? Diese Frage steht im Zentrum der Kapitel-Nachbesprechung.**

Wiederkehrendes OpenSpace Beta

Ein OpenSpace Beta-Kapitel stellt ein Ritual des Übergangs dar, das durch die Klammer zweier markanter OpenSpace Meetings eingerahmt wird und mit 30 Tagen Resonanzzeit endet. Was passiert danach?

Ein Merkmal von OpenSpace Beta ist, dass dieses Ritual des Übergangs periodisch eingesetzt werden kann: Nach dem ersten OpenSpace Beta-Kapitel können halbjährig stattfindende Kapitel sogar fester Bestandteil der Weiterentwicklung der Organisation werden. Die OS 1 Meetings können beispielsweise in jedem Januar und September stattfinden, mit immer neuen Themen und Akzenten. Wiederkehrende, halbjährliche OpenSpace Meetings können einen Rahmen für fortlaufende Beta-Transformation bieten.

OpenSpace Meetings oder OpenSpace Beta werden damit zum festen Bestandteil der Weiterentwicklung der Organisation. Sie unterstützen zudem die Integration neuer Kolleginnen und Kollegen in der „Arbeit am System" der Organisation.

Durch die Einbettung stetig wiederkehrender „Arbeit am System" in den allgemeinen Rhythmus der Organisation wird das Risiko der Abhängigkeit von einzelnen, spezifischen Akteuren verringert. Dies ist besonders wichtig für Organisationen, die sich im permanenten Beta befinden. Die Robustheit der Organisation wird so weiter gesteigert.

Nach einigen Durchläufen sollte eine Beta-Organisation in der Lage sein, OpenSpace Beta-Kapitel praktisch unabhängig von externer Hilfe durchzuführen.

{ Wiederkehrendes OpenSpace Beta bietet die Möglichkeit, die „Organisationsentwicklung mit allen" gleichsam zu ritualisieren – und permanentes Beta zyklisch ins kollektive Bewusstsein zu rücken. }

& mehr

Zusätzliche Ressourcen

(Nützliches für die Arbeit an der Beta-Organisation)

Nachwort von Daniel Mezick

Silke und Niels schaffen mit diesem Buch etwas Bemerkenswertes: Sie verbreiten eine Idee, deren Zeit gekommen ist. Und diese Idee ist im Grunde sehr einfach: Die Idee, dass es leidenschaftliche und verantwortungsbewusste Menschen in Organisationen selbst sind, die echte, tiefgreifende Veränderung bewirken. Es ist die Idee, dass bereitwillige, potenziell engagierte Menschen alles vollbringen können. Menschen, die zu einer Einladung bewusst „Ja" sagen.

Die Idee der auf einer Einladung basierenden OpenSpace Meetings und deren Verwendung in Organisationen kam in den 1980er-Jahren auf. Einer häufig erzählten Geschichte zufolge „entdeckte" Harrison Owen OpenSpace, „während er zwei Martinis genoss und über das Leben nachdachte". Wenig später schrieb er sein erstes Buch mit dem Titel *Spirit: Transformation and Development in Organizations*. Harrison tat immer sein Bestes, um OpenSpace als Methode wirklich offen und frei zu halten. Gute Neuigkeiten verbreiten sich schnell: In den folgenden 30 Jahren fanden weltweit Tausende von OpenSpace-Veranstaltungen statt.

Dann kam ich ins Spiel. Zu jener Zeit war ich ein „'Agile Coach", der nach einem besseren Weg zur Realisierung von Agile suchte. 2010 war ich mir sicher, dass „OpenSpace" Teil dieses besseren Wegs sein würde. Und ich fing an, auszuprobieren und zu lernen. Ich konnte feststellen, dass sich ausgezeichnete Ergebnisse erzielen ließen, wenn man im Abstand von 45 bis 90 Tagen zwei OpenSpace Meetings arrangierte, und die Zeit dazwischen dazu nutzte, mit der gesamten Gruppe an Lösungen zum ausgewählten Thema zu arbeiten.

Auf der Grundlage dieser Idee entstand *Prime/OS*: eine Methodik zur Schaffung einer Umgebung, in der Unternehmen jeder Größe schnelle, authentische und dauerhafte Veränderungen erreichen können. Ich begann diese Idee zu kodifizieren, zu verbreiten und in Seminaren zu lehren. Ich veröffentlichte alles unter einer kostenlosen Open-Source-Lizenz, um Kollegen zu Innovationen und zur Verbesserung der Grundidee zu ermutigen.

Dann lernte ich Silke und Niels kennen. Die beiden erkannten sofort die Macht der wiederkehrenden, iterativen OpenSpace Meetings, um damit Veränderungen in Organisationen freizusetzen und sichtbar zu machen. Sie baten um meine Erlaubnis und um meine Unterstützung zur Nutzung von *Prime/OS* und des *OpenSpace Agility Handbook*. Ich stimmte dem mit Freuden zu.

Daniel Mezick ist Autor, Executive und Agile Coach sowie Keynote Speaker.

Er ist der Schöpfer von *OpenSpace Agility* und *Prime/OS*. Er ist Co-Autor von *Inviting Leadership* und der Autor von *The Culture Game*, einem Buch, das 16 Muster von Gruppenverhalten beschreibt, die jedes Team intelligenter machen. Das Culture Game-Buch basiert auf fünf Jahren Coaching-Erfahrung mit 119 Agile Teams aus 25 verschiedenen Organisationen. Daniels Kundenliste umfasst CapitalOne, Intuit, Hartford, Cigna, Siemens Healthcare, Harvard University und viele kleinere Unternehmen. Daniel ist in Guilford, Connecticut, zuhause.

Web: www.DanielMezick.com,
E-Mail: dan@newtechusa.net

Das Ergebnis ist dieses bemerkenswerte Handbuch und die kostenlose Open-Source-Lizensierung der bemerkenswerten OpenSpace Beta-Sozialtechnologie, von Silke und Niels – abgeleitet aus *Prime/OS*.

Die Strahlkraft dessen, was Silke und Niels geschaffen haben, ist bemerkenswert. Erstens schaffen sie Bedingungen, unter denen die Prinzipien des Beta-Kodex verankert werden und haften bleiben können. Das liegt darin begründet, dass der Rahmen des OpenSpace den Raum für diszipliniertes Üben, Innovation und Selbstorganisation eröffnet. Zweitens veröffentlichen sie die Kernideen von OpenSpace Beta unter einer kostenfreien Open-Source-Lizenz. Diese Lizenz ermöglicht es euch, ebenfalls zu innovieren und etwas Neues zu kreieren. Die beiden laden euch dazu ein, ihre Arbeit zu studieren, Inhalte ihrer Arbeit zu nutzen und zu verbessern, oder etwas völlig Neues zu schöpfen, wenn dies gewünscht ist.

Wir leben in einer Zeit, in der wir mehr Freiheit brauchen, nicht weniger. Mehr Innovation, nicht weniger. Mehr Zusammenarbeit, nicht weniger. Wir brauchen mehr Fortschritt, nicht weniger. Mehr Offenheit, nicht weniger. *So go ahead:* Studiere dieses Buch. Beginne mit OpenSpace Beta. Wende die hier beschriebenen Vorgehensweisen an. Versuche es. Weil du nie weißt, was passieren könnte, wenn du es versuchst.

Daniel Mezick, August 2018

Empfohlene Literatur

Soziale Dynamiken, OpenSpace & Prime/OS

Kleiner, Art: Who Really Matters – The Core Group Theory of Power, Privilege, and Success. Currency/Doubleday, 2003

McGonigal, Jane: Reality is Broken – Why Games Make Us Better and How They Can Change the World. Penguin Books, 2011

Mezick, Daniel: The Culture Game – Tools for the Agile Manager. FreeStanding Press, 2012

Mezick, Daniel/Pontes, Deborah/Shinsato, Harold/Kold-Taylor, Louise/Sheffield, Mark: The OpenSpace Agility Handbook. New Techn. Solutions, 2015

Owen, Harrison: OpenSpace Technology – a user´s guide. Berrett-Koehler Publishers, 2008

Owen, Harrison: Spirit – Transformation and Development in Organizations. Free pdf: *www.openspaceworld.com/spirit.pdf*

Owen, Harrison: Wave Rider – Leadership for High Performance in a Self-Organizing World. Berrett-Koehler Publishers, 2008

Turner, Victor: From Ritual to Theatre – The Human Seriousness of Play. PAJ Publications, 2001

Turner, Victor: The Ritual Process – Structure and Anti-Structure. Aldine, 1995

Beta & Beta-Kodex

Haeckel, Stephan: Adaptive Enterprise – Creating and Leading Sense-And-Respond Organizations. HBRP, 1999

Pflaeging, Niels: Die 12 neuen Gesetze der Führung. Warum Management verzichtbar ist. Campus, 2009

Pflaeging, Niels: Führen mit flexiblen Zielen: Praxisbuch für mehr Erfolg im Wettbewerb. 2. Auflage, Campus, 2011

Pflaeging, Niels: Organisation für Komplexität – Wie Arbeit wieder lebendig wird – und Höchstleistung entsteht. Redline, 2014

Pflaeging, Niels/Hermann, Silke: Komplexithoden – Clevere Wege zur (Wieder)Belebung von Unternehmen und Arbeit in Komplexität. Redline, 2015

Pflaeging, Niels/Hermann, Silke: Org Physics – Explained, BetaCodex Network white paper No. 11, *www.betacodex.org/white-papers*

Purser, Ronald/Cabana, Steven: The Self-Managing Organization – How Leading Companies Are Transforming the Work of Teams for Real Impact. Free Press, 1998

Seddon, John: Freedom from Command and Control – Rethinking Management for Lean Service. Productivity Press, 2005

Organisationsentwicklung, Lernen & Change

Bridges, William/Bridges, Susan: Managing Transitions: Erfolgreich durch Übergänge und Veränderungen führen. Vahlen 2018

Deutschman, Alan: Change or Die – The Three Keys to Change at Work and in Life. Harper Business, 2007

Kotter, John: Leading Change: Wie Sie Ihr Unternehmen in acht Schritten erfolgreich verändern. Vahlen, 2011

Kotter, John/Rathgeber, Holger: Das Pinguin-Prinzip: Wie Veränderung zum Erfolg führt. Droemer HC, 2017

McGregor, Douglas: The Human Side of Enterprise. Annotated edition, McGraw-Hill, 2005

Morgan, Gareth: Bilder der Organisation. 4. Auflage, Schäffer Poeschel, 2008

Senge, Peter: Die fünfte Disziplin: Kunst und Praxis der lernenden Organisation. Schäffer Poeschel, 11. Auflage, 2017

Weisbord, Marvin: Productive Workplaces – Dignity, Meaning, and Community in the 21st Century, 3rd Edition. Pfeiffer, 2012

Konzepte für OpenSpace Beta-Zeremonienmeister & Coaches

Maister, David: The Trusted Advisor, Touchstone, 1997

Maister, David: True Professionalism, Free Press, 2001

Weinberg, Gerald M.: The Secrets of Consulting: A Guide to Giving and Getting Advice Successfully. Dorset House, 1985

Weiss, Alan: Million Dollar Consulting: The Professional's Guide to Growing a Practice. 5. Auflage. McGraw-Hill Education, 2016

Weiss, Alan: Value-Based Fees: How to Charge--And Get--What You're Worth: Powerful Techniques for the Successful Practitioner. Jossey-Bass, 2002

Frei verfügbare Online-Ressourcen und Videos

Bonus Online-Ressourcen: Viele frei verfügbare Materialien sind auf der Website zum Buch zu finden unter: OpenSpaceBeta.com sowie auf BetaCodex.org

Videos zu Beta und OpenSpace Beta

Online-Videos zu
Beta und Beta-Kodex

Online-Videos der Autoren
zu **OpenSpace Beta**

Videos und mehr zu OpenSpace und Prime/OS

Online-Videos zu
OpenSpace-Technologie
mit Harrison Owen

Online-Videos
mit Daniel Mezick
zu **OpenSpace Agility**

Besuche die Website
zu **Prime/OS**

Ressourcen des BetaCodex Network

Die **BetaCodex Network White Paper**

Vom BetaCodex Network empfohlene **Artikel**

Liste empfohlener **Bücher zu Beta**

Andere Bücher von Silke Hermann & Niels Pfläging

Niels Pfläging
Organisation für Komplexität
Redline Verlag. 2014
ISBN 978-3868815702

Niels Pfläging I Silke Hermann
Komplexithoden
Redline Verlag. 2015
ISBN 978-3868815863

Niels Pfläging I Silke Hermann
Zellstrukturdesign
Vahlen Verlag. 2020
ISBN 978-3800662418

Niels Pfläging
Führen mit flexiblen Zielen
Campus Verlag. 2011
ISBN 978-3593388236

Niels Pfläging
Die 12 neuen Gesetze der Führung
Campus Verlag. 2011
ISBN 978-3593389981

Silke Hermann/ Frauke Ion
Typisch ich, typisch du
Gabal Verlag. 2018
ISBN 978-3869368856

Erhältlich über www.RedForty2.com und im Buchhandel

Über Silke Hermann

Ich bin Unternehmerin, Geschäftsfrau und Autorin. Ein Kollege hat mal gesagt, ich sei vor allem Business-Humanistin. Bis vor gut einem Jahr war ich Geschäftsführerin und Mitinhaberin von Insights Group Deutschland, einem international tätigen Learning- and Development-Unternehmen mit Büros in Berlin und Wiesbaden und zuletzt rund 25 Mitarbeiterinnen und Mitarbeitern. Mit dem Verkauf meiner Anteile eröffneten sich für mich neue Entwicklungsmöglichkeiten, die ich schon seit langer Zeit verfolgen wollte. Diese machen wir bei Red42 mit ganz neuen, innovativen Sozialtechnologien zur Realität.

OpenSpace Beta ist mein viertes Buch. Zu meinen früheren Büchern gehört auch der Bestseller *Komplexithoden*, von dem bislang über 20.000 Exemplare verkauft wurden und den ich zusammen mit Niels geschrieben habe. **Für mich als Autorin war die Arbeit an diesem Handbuch etwas Besonderes:** OpenSpace Beta verknüpft verschiedene inhaltliche Themenstränge, die für mich von großem Interesse sind. 2009, als Niels und ich mit der Zusammenarbeit im Rahmen von Kundenprojekten begannen, fingen wir an, Beratungsansätze für die Beta-Transformation zu entwickeln. In diesem Zusammenhang setzten wir unter anderem OpenSpace und das Leading-Change-Konzept von John Kotter mit Kunden ein. Aber etwas fehlte.

Im Nachhinein kann ich sagen: Es war die einfache Einsicht, dass Beta-Transformation von oder mit Beratern gar nicht durchgeführt werden kann. **Das radikal Neue an OpenSpace Beta ist, dass es das Ziel „Beta" mit konsequenter Selbstorganisation durch den Kunden während der Transformation verbindet – und tatsächlich keiner Berater bedarf.** Für jeden, der schon so lange mit organisatorischen Veränderungen zu kämpfen hatte wie wir, ist das eine große Sache!

Niels und ich haben die Red42 GmbH Ende 2018 gegründet. In unserer Arbeit verschmelzen organisatorische Transformationen und Lernen & Entwicklung. Auf neuartige oder gar „disruptive" Weise, so könnte man sagen. Mit Red42 setzen wir konsequent auf innovative Ansätze für Lernen und Entwicklung. OpenSpace Beta ist einer davon. Unsere Ansätze eint das Primat der Selbstorganisation und der Selbstwirksamkeit von Menschen, Teams und Organisationen. Alle Werkzeuge, die wir entwickeln und einsetzen, sind so weit wie möglich Open Source-basiert. Mehr zu dem, was wir bei Red42 machen, findest du unter RedForty2.com. Nimm gerne Kontakt auf, wenn du magst.
Mail: Silke.Hermann@RedForty2.com. Auf Twitter: @SilkeHermann

Über Niels Pfläging

Ich bin Unternehmer, Ratgeber und Speaker. Ich sehe mich als ernsthaften Führungs- und Business-Denker. Aber auch als Praktiker, der sich nicht scheut, sich mit realen Kundenproblemen auseinander zu setzen, und der sich in betriebswirtschaftlichen Detailfragen auskennt. Als Ratgeber helfe ich Organisationen aller Art seit über 15 Jahren dabei, tiefgreifende Veränderung anzugehen und zu meistern. Von 2003 bis 2007 war ich Direktor des *Beyond Budgeting Round Table (BBRT)*, des Think Tanks, der mit seiner Forschung die Grundlagen für das Beta-Organisationsmodell legte.

Vor meiner Zeit mit dem BBRT arbeitete ich als Controller in multinationalen Konzernen. Es war während meiner Arbeit beim BBRT, dass ich meine Leidenschaft für organisationale Transformation hin zu kohärenter Selbstorganisation entdeckte. 2008 dann gründete ich mit Kollegen das *BetaCodex Network*, die Open-Source-Bewegung für Beta-Transformation. Du kannst mehr über das Netzwerk auf der Website www.BetaCodex.org herausfinden.

Als 2006 mein zweites Buch *Führen mit flexiblen Zielen* erschien, wurde uns im BBRT langsam klar, dass es nicht ausreichen würde, das neue, überlegene Organisationsmodell zu erklären, das wir gefunden und erforscht hatten. Wenn wir die Arbeitswelt und Unternehmen verändern wollten, dann würden wir auch das Rätsel lösen müssen, wie tiefgreifende, organisationsweite „Transformation" in der Praxis zustande kommt. Ich bin der Überzeugung, dass wir dieses Rätsel jetzt, mit OpenSpace Beta, endlich gelöst haben.

Dies ist mein siebtes Buch über organisationale Transformation – und das dritte Buch, dass ich gemeinsam mit Silke geschrieben habe. Dieses Buch sticht in gewisser Weise heraus: Es ist „einfach ein Handbuch" – nicht mehr und nicht weniger! Für mich war der kreative Akt, Daniel Mezick´s *OpenSpace Agility* gemeinsam mit Silke in einen robusten Ansatz für Beta-Transformation zu verwandeln, überaus befriedigend. Wir sehen OpenSpace Beta als Lösung des bislang schier unmöglich scheinenden Problems, wie sich komplette Organisationen jeder Art und Größe transformieren lassen – und zwar sehr schnell!

In Ausbildung und Arbeit habe ich viele Möglichkeiten gefunden, das Leben in unterschiedlichen Ländern zu üben. Ich bin daran gewöhnt, in vier Sprachen zu arbeiten – Englisch, Deutsch, Spanisch und Portugiesisch. Das sind auch die Sprachen, in denen du Kontakt mit mir aufnehmen kannst.
Mail: Niels.Pflaeging@RedForty2.com. Auf Twitter: @NielsPflaeging

Bestell hier dein Gratis-Exemplar des OpenSpace Beta Konzeptüberblick-Posters:
OpenSpaceBeta.com/gratisposter

Das OpenSpace Beta Timeline Poster
A1-Format. Farbdruck.
Internationaler Versand.

Das Zellstrukturdesign-Handbuch.
Das OpenSpace Beta-Handbuch.
Buchpakete mit attraktiven Rabatten.
Internationaler Versand.

www.OpenSpaceBeta.com

Weitere nützliche Produkte zur Unterstützung eurer Beta-Transformation findest du auf OpenSpaceBeta.com/shop

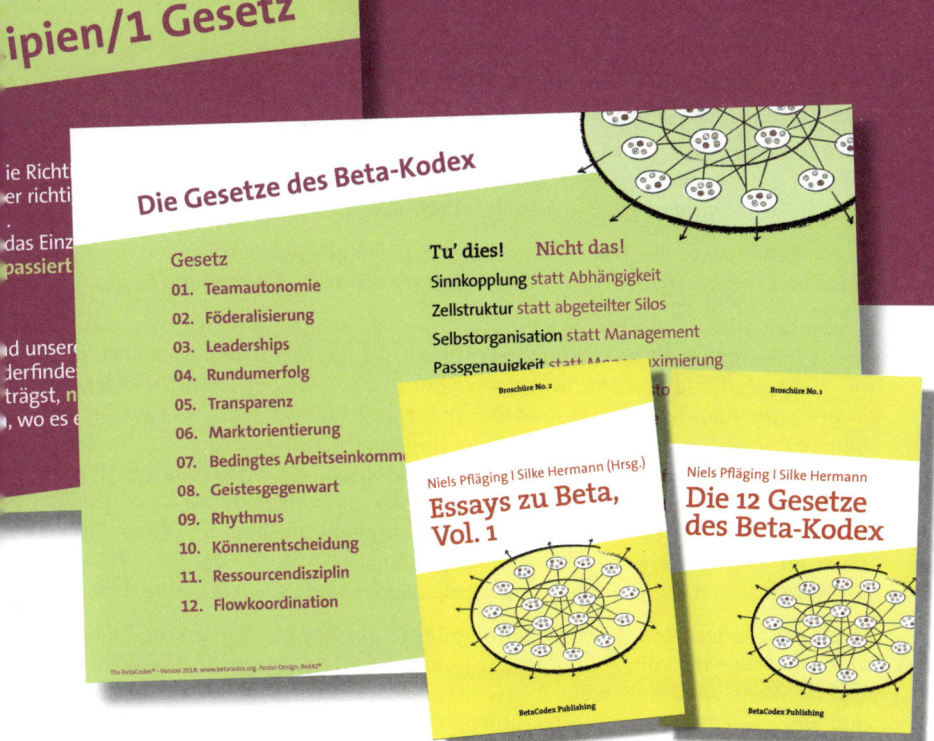

Poster und Broschüren,
Lernboxen, Bücher, Karten-Sets und mehr!

www.RedForty2.com

Dankeschön!

Wir danken Daniel Mezick für Inspiration, seine aktive Unterstützung und seine Ermutigung zu unserer Entwicklungsarbeit an OpenSpace Beta. Sein Korpsgeist hat dazu beigetragen, dass OpenSpace Beta möglich wurde. Besonderer Dank gilt den Co-Autoren des *OpenSpace Agility Handbook*: Deborah Pontes, Harold Shinsato, Louise Kold-Taylor und Mark Sheffield.

Unser besonderer Dank gilt Harrison Owen für die Bereitstellung seines einführenden, „klassischen" Texts zu OpenSpace, der in diesem Buch enthalten ist.

Dank gebührt unserer Freundin und Designerin Ingeborg Scheer für die OpenSpace Beta Icon-Designs mit den wunderbaren Illustrationen – sowie für ihre großartige Unterstützung beim Design von Buch und Timeline. Mehr über Ingeborgs Firma Dasign findet sich auf ihrer Website: dasign.de

Wir danken unserer Illustratorin Pia Steinmann für einige Illustrationen unseres Buchs *Komplexithoden*, die in diesem Band nochmals Verwendung fanden.

Wir danken Deborah Hartmann Preuss, Francois Lavallée, Valentin Yonchev, Jeremy Brown, Matt Moersch und Peter Proell, die das Manuskript redigierten und das Buch damit stark verbesserten. Ebenso danken wir Kerstin Friedrich, Bill Pasmore, Paul Tolchinsky, Jon Husband, Harold Jarche, François Lavallée, Philippe Brière, Joe Krebs, Nils Oud, Doug Kirkpatrick, Jack Martin Leith, Bruce McTague, Michael Bungay Stanier, Frederic Laloux, Chris Mahan, Jason Little, Stefan Laebe, Kurt Nielsen, Mischa Ramseyer und Ben Heinl für Kollegialität und Ermutigung. Ein besonderes Dankeschön geht an Deborah Hartmann Preuss für ihren Vorschlag vor einigen Jahren: Niels solle doch Kontakt mit Daniel Mezick aufnehmen. „Ihr habt viel gemeinsam", sagte sie verheißungsvoll.

Niels dankt zudem Robin Fraser, Mitbegründer des Beyond Budgeting Round Table, der Niels im Jahr 2006 den Rat gab, die Schöpfung neuer Begriffe zu wagen. „Wenn wir die Welt der Arbeit verändern wollen", sagte Robin damals, „und wenn wir Organisationen deutlich besser machen wollen, dann müssen wir einfach wagen, neue Terminologie und Sprache zu erfinden!"

Besonderer Dank gilt unserem Lektor Dennis Brunotte vom Verlag Franz Vahlen, sowie Thomas Ammon und Stephan Huber von C.H.Beck für die vertrauensvolle, engagierte, stets ernsthaft-kollegiale Betreuung, die immer Raum zum Lachen und Nachdenken gegeben hat. Wir wissen: Das ist nicht selbstverständlich – und freuen uns auf mehr!